今すぐ使えるかんたん

ぜったいデキます！エクセル関数超入門

［改訂2版］

技術評論社

この本の特徴

1 ぜったいデキます！

操作手順を省略しません！

解説を一切省略していないので、
途中でわからなくなることがありません！

あれもこれもと詰め込みません！

操作や知識を盛り込みすぎていないので、
スラスラ学習できます！

なんどもくり返し解説します！

一度やった操作もくり返し説明するので、
忘れてしまってもまた思い出せます！

2 文字が大きい

たとえばこんなに違います。

大きな文字で 読みやすい	大きな文字で 読みやすい	大きな文字で 読みやすい
ふつうの本	見やすいといわれている本	この本

3 専門用語は絵で解説

大事な操作は言葉だけではなく絵でも理解できます。

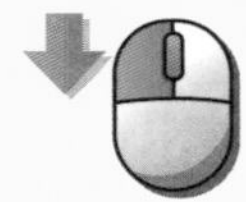

左クリックのアイコン

ドラッグのアイコン

入力のアイコン

Enterキーのアイコン

4 オールカラー

2色よりもやっぱりカラー。

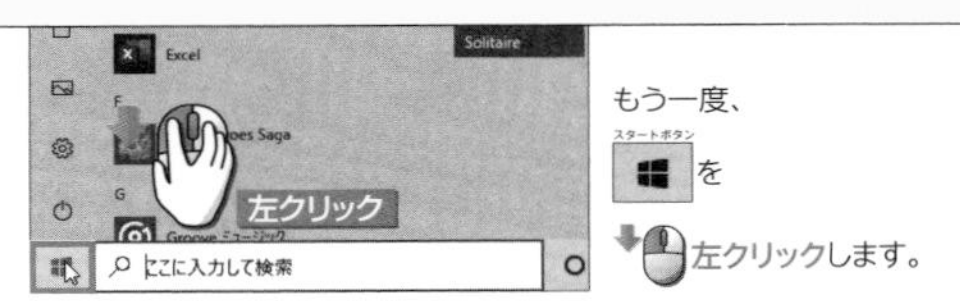

2色

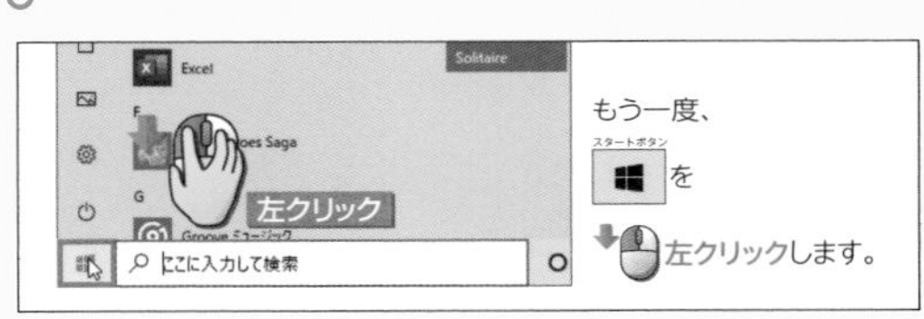

カラー

CONTENTS

パソコンの基本操作

第1章 最初に知りたい数式の基本

第2章 セル参照を使って数式を作ろう

第3章 関数を使ってみよう

第4章 関数をコピーしよう

第5章 関数を修正しよう

第6章 絶対参照をマスターしよう

第7章 便利な関数をマスターしよう

第8章 ちょっと難しい関数に挑戦しよう

第9章 数式のエラーを知ろう

サンプルファイルについて

本書の解説で使用しているサンプルファイルを、ダウンロードして利用することができます。
Webブラウザを起動して、アドレスバーに以下のURLを入力してください。
表示されたページの「サンプルファイル」を左クリックすると、
サンプルファイルのダウンロードが始まります。

https://gihyo.jp/book/2021/978-4-297-12249-2/support

[免責]

本書に記載された内容は、情報の提供のみを目的としています。したがって、本書を用いた運用は、必ずお客様自身の責任と判断によって行ってください。これらの情報の運用の結果について、技術評論社および著者はいかなる責任も負いません。

本書記載の情報は、2021年7月現在のものを掲載していますので、ご利用時には、変更されている場合もあります。

ソフトウェアはバージョンアップされる場合があり、本書での説明とは機能内容や画面図などが異なってしまうこともあり得ます。ソフトウェアのバージョンが異なることを理由とする、本書の返本、交換および返金には応じられませんので、あらかじめご了承ください。

以上の注意事項をご承諾いただいた上で、本書をご利用願います。これらの注意事項に関わる理由に基づく、返金、返本を含む、あらゆる対処を、技術評論社および著者は行いません。あらかじめ、ご承知おきください。

[動作環境]

本書はExcel 2019/2016/Microsoft 365を対象としています。

お使いのパソコンの特有の環境によっては、Excel 2019/2016/Microsoft 365を利用していた場合でも、本書の操作が行えない可能性があります。本書の動作は、一般的なパソコンの動作環境において、正しく動作することを確認しております。

動作環境に関する上記の内容を理由とした返本、交換、返金には応じられませんので、あらかじめご注意ください。

マウスの使い方を知ろう

パソコンを操作するには、マウスを使います。
マウスの正しい持ち方や、クリックやドラッグなどの使い方を知りましょう。

 マウスの各部の名称

最初に、マウスの各部の名称を確認しておきましょう。初心者にはマウスが便利なので、パソコンについていなかったら購入しましょう。

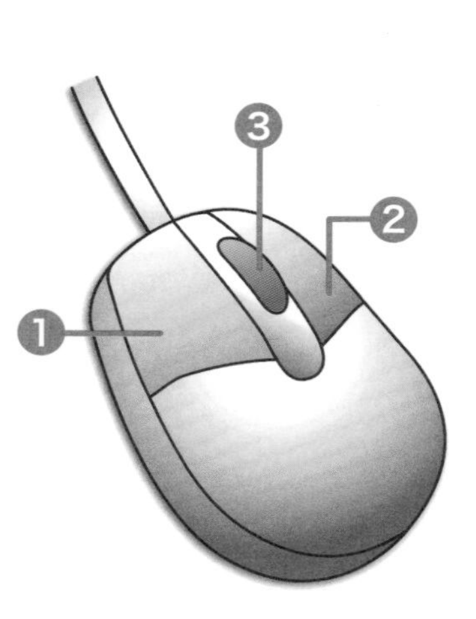

① 左ボタン

左ボタンを1回押すことを左クリックといいます。画面にあるものを選択したり、操作を決定したりするときなどに使います。

② 右ボタン

右ボタンを1回押すことを右クリックといいます。操作のメニューを表示するときに使います。

③ ホイール

真ん中のボタンを回すと、画面が上下左右にスクロールします。

マウスの持ち方

マウスには、操作のしやすい持ち方があります。
ここでは、マウスの**正しい持ち方**を覚えましょう。

❶ 手首を机につけて、マウスの上に軽く手を乗せます。

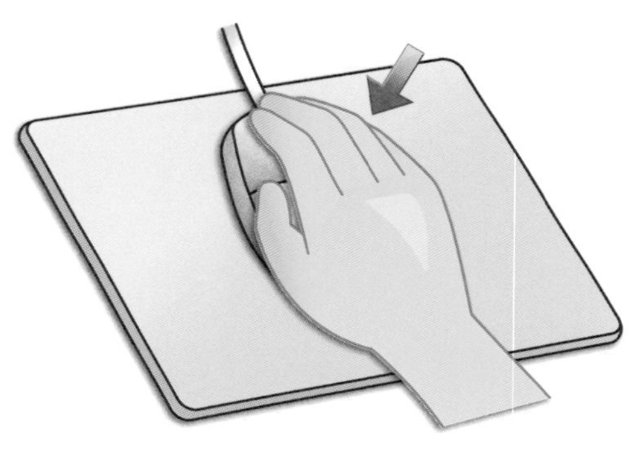

❷ マウスの両脇を、**親指**と**薬指**で軽くはさみます。

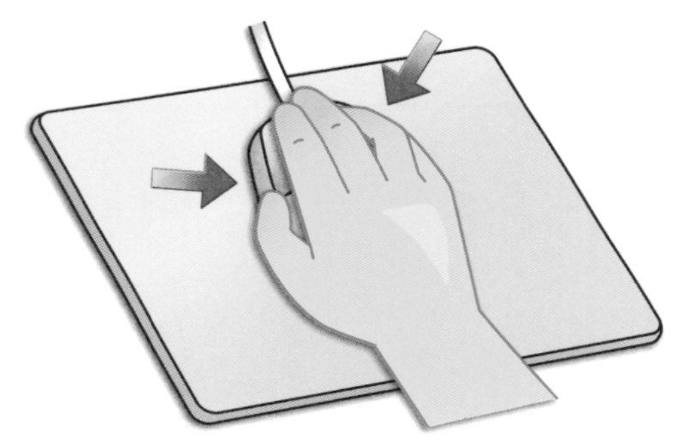

❸ **人差し指**を左ボタンの上に、**中指**を右ボタンの上に軽く乗せます。

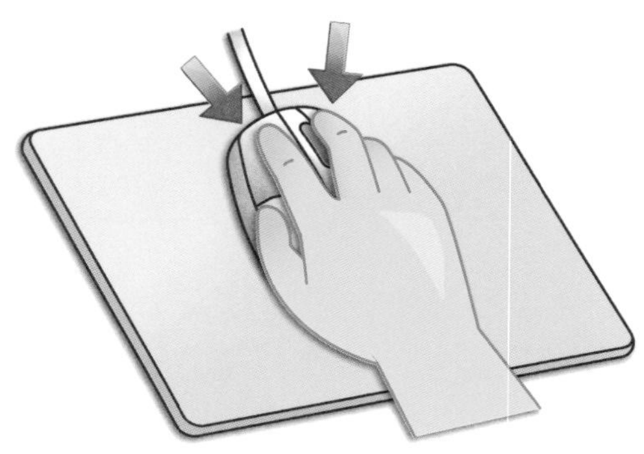

❹ 机の上で前後左右にマウスをすべらせます。このとき、**手首をつけたまま**にしておくと、腕が楽です。

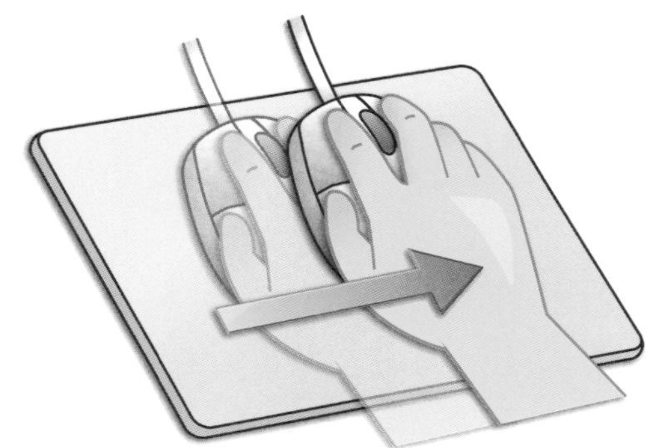

 カーソルを移動しよう

マウスを動かすと、それに合わせて画面内の矢印が動きます。
この矢印のことを、**カーソル**といいます。

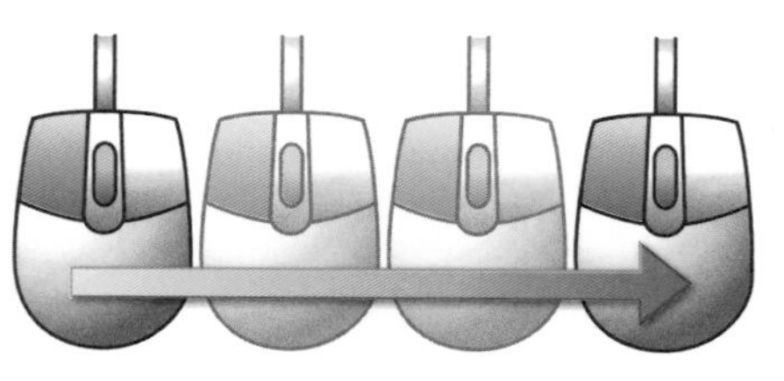

マウスを右に動かすと…

カーソルも右に移動します

もっと右に移動したいときは?

もっと右に動かしたいのに、マウスが机の端に来てしまったときは…

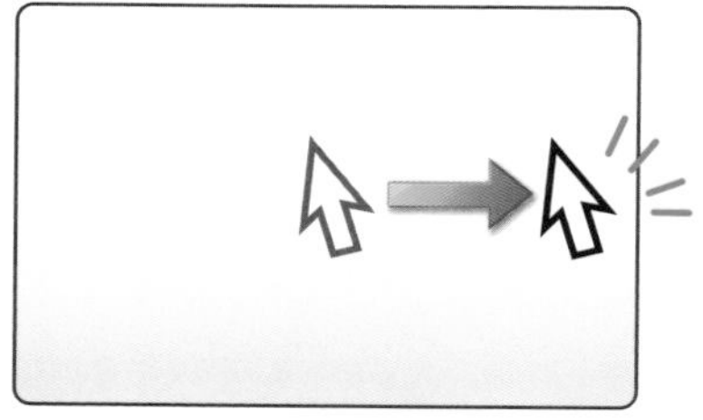

マウスを机から**浮かせて**、左側に持っていきます❶。そこからまた右に移動します❷。

 マウスをクリックしよう

マウスの左ボタンを1回押すことを**左クリック**といいます。
右ボタンを1回押すことを**右クリック**といいます。

❶ クリックする前

11ページの方法でマウスを持ちます。

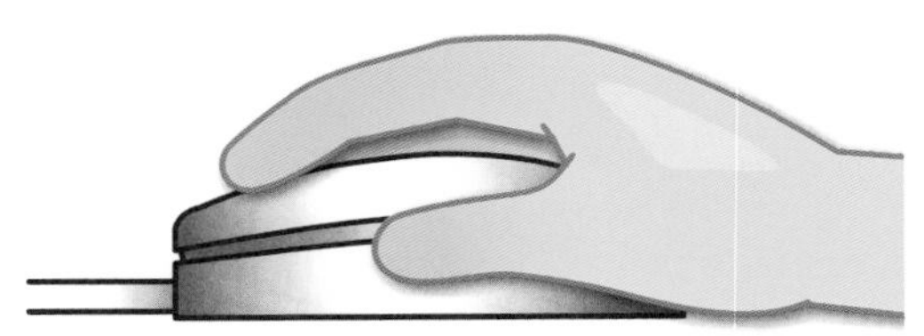

マウスを持つ

❷ クリックしたとき

人差し指で、左ボタンを軽く押します。カチッと音がします。

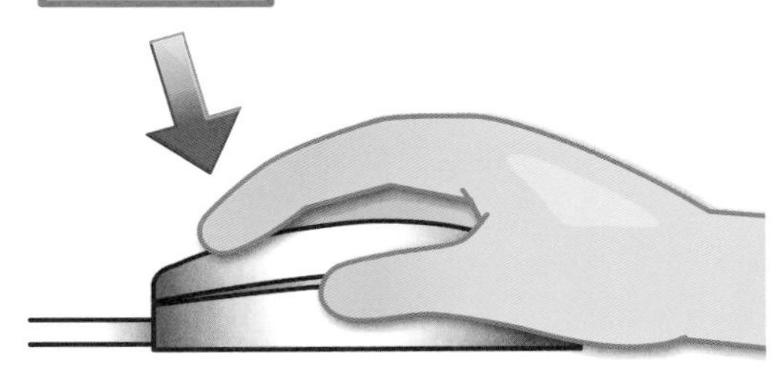

軽く押す

❸ クリックしたあと

すぐに指の力を抜きます。左ボタンがもとの状態に戻ります。

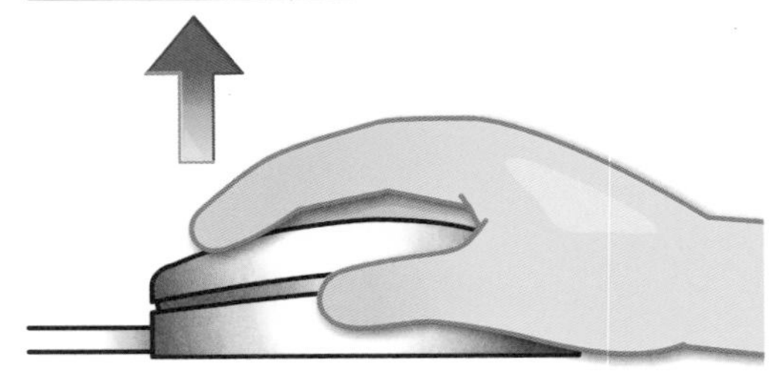

指の力を抜く

マウスを操作するときは、常にボタンの上に軽く指を乗せておきます。
ボタンをクリックするときも、ボタンから指を離さずに操作しましょう。

マウスをダブルクリックしよう

左ボタンを2回続けて押すことを**ダブルクリック**といいます。
カチカチとテンポよく押します。

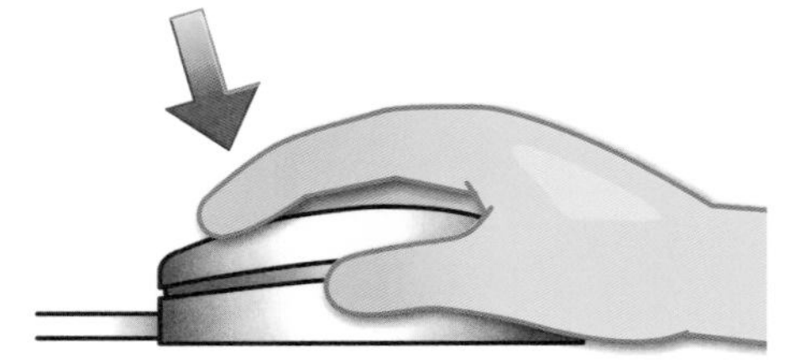

左クリック（2回目）

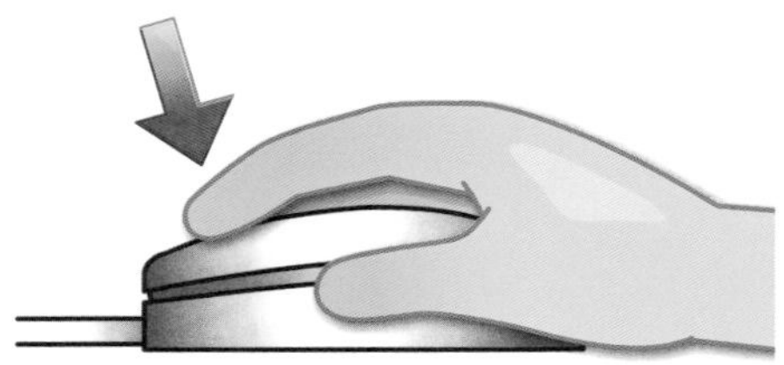

マウスをドラッグしよう

マウスの左ボタンを押しながらマウスを動かすことを、
ドラッグといいます。

左ボタンを押したまま移動して…

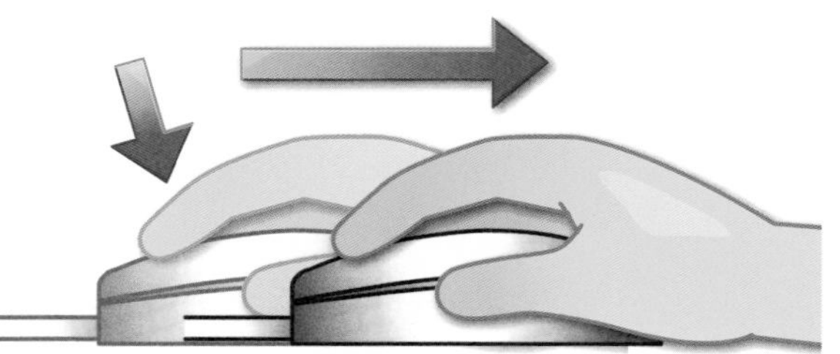

指の力を抜く

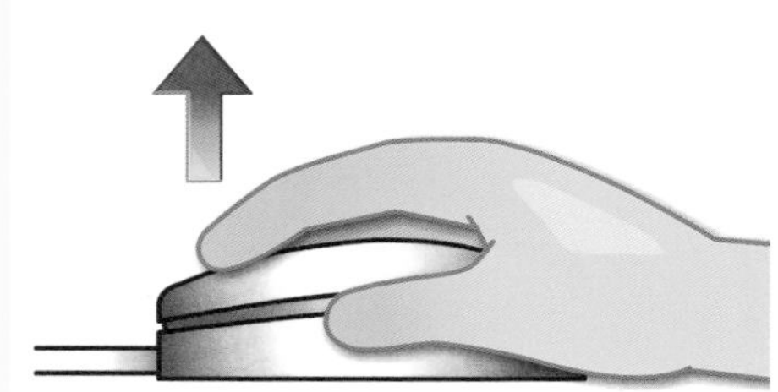

キーボードを知ろう

パソコンで文字を入力するには、キーボードを使います。
キーボードにどのようなキーがあるのかを確認しましょう。

キーの種類

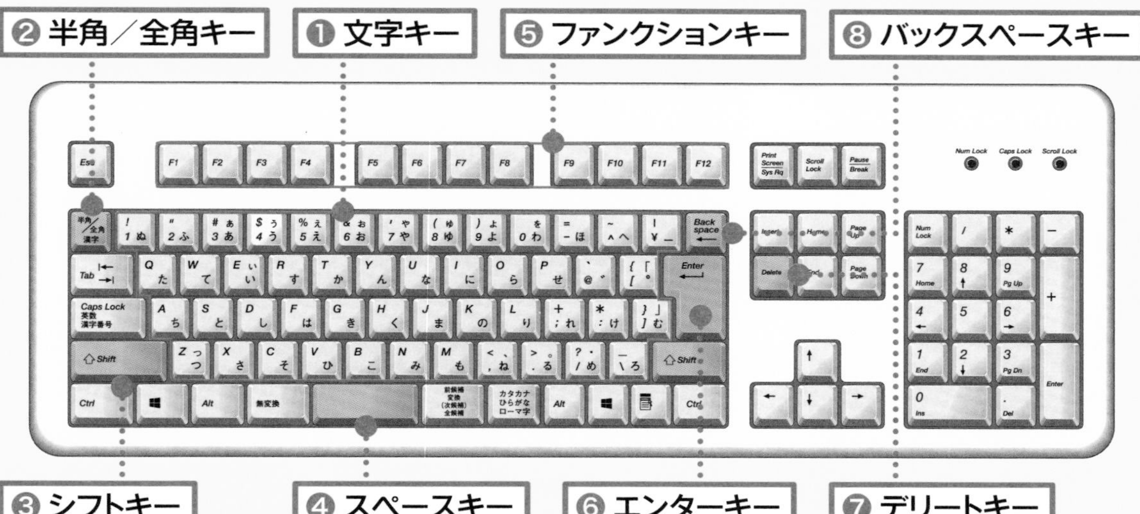

❶ 文字キー
文字を入力するキーです。入力できる文字が表面に書かれています。

❷ 半角／全角キー
日本語入力と英語入力を切り替えます。

❸ シフトキー
文字キーの左上の文字を入力するときに使います。

❹ スペースキー
ひらがなを漢字に変換したり、空白を入れたりするときに使います。

❺ ファンクションキー
それぞれのキーに、アプリ（ソフト）ごとによく使う機能が登録されています。

❻ エンターキー
変換した文字を決定したり、改行したりするときに使います。

❼ デリートキー
文字カーソルの右側の文字を消すときに使います。

❽ バックスペースキー
文字カーソルの左側の文字を消すときに使います。

日本語入力のしくみを知ろう

日本語を入力するために必要な入力モードアイコンを理解しましょう。
英語と日本語の入力を切り替えることができます。

入力モードアイコンを知ろう

パソコンで文字を入力する際には、入力モードアイコンを切り替えることにより、日本語入力と英語入力を切り替えられます。
入力モードアイコンは、文字を入力する際に画面の右下に表示されます。
入力する文字により、A だったり あ だったりします。

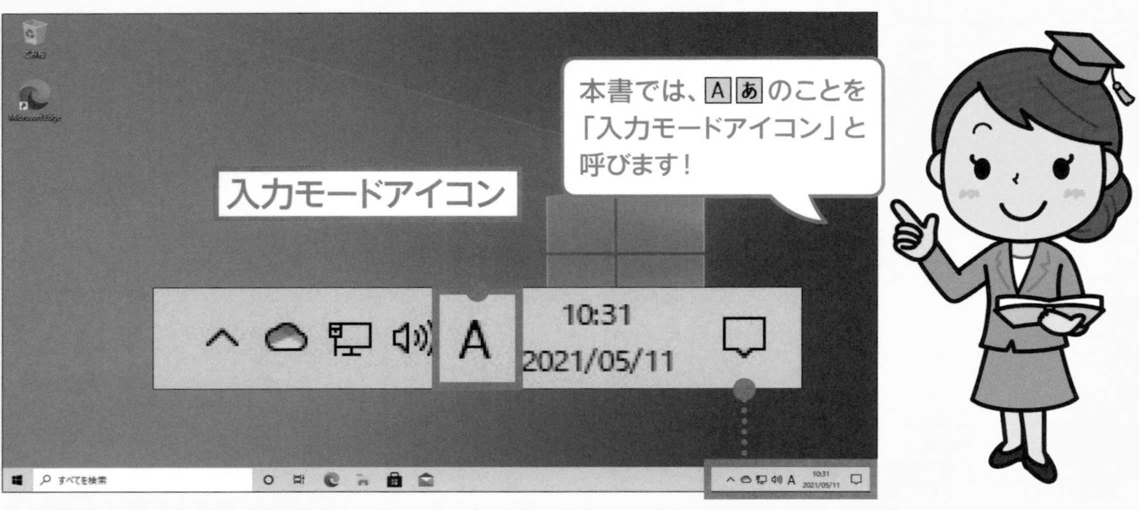

入力モードを知ろう

入力モードアイコンの あ は、日本語入力モードです。

入力モードアイコンの A は、英語入力モードです。

● 日本語入力モードへの切り替え

入力モードアイコンが A のときに

キーボードの 半角/全角 キーを押すと、あ に切り替わります。

● 英語入力モードへの切り替え

入力モードアイコンが あ のときに

キーボードの 半角/全角 キーを押すと、A に切り替わります。

半角/全角 キーを押すと、入力モードアイコンが切り替わります。

日本語入力モード　　英語入力モード

文字の入力方法を知ろう

日本語入力モードには、ローマ字で入力する**ローマ字入力**と、ひらがなで入力する**かな入力**の2つの方法があります。本書では、**ローマ字入力を使った方法**を解説します。

● ローマ字入力

ローマ字入力は、アルファベットのローマ字読みで日本語を入力します。かなとローマ字を対応させた表を、213ページに掲載しています。

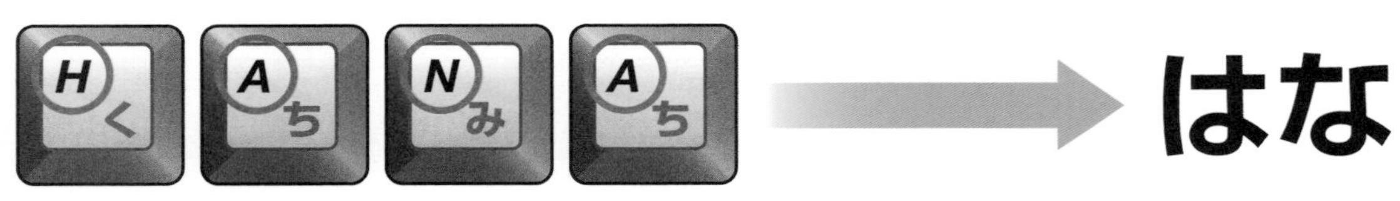

● かな入力

かな入力は、キーボードに書かれているひらがなの通りに日本語を入力します。

1

第1章
最初に知りたい数式の基本

この章で学ぶこと

- エクセルの数式について知っていますか?
- エクセルの数式の作成手順を知っていますか?
- エクセルで足し算や引き算ができますか?
- エクセルで掛け算や割り算ができますか?
- エクセルの数式を修正できますか?

この章でやること 四則演算

この章では、エクセルで四則演算を行う方法を覚えましょう。
四則演算は、計算の基本です。しっかりマスターしましょう。

四則演算って何?

四則とは、足し算、引き算、掛け算、割り算の総称です。
エクセルでは、数式を作成して四則演算を行います。
ただし、エクセルにおける数式は、
算数の数式とは形式が異なるので気をつけましょう。

四則演算	算数で使う記号	エクセルで使う記号
足し算	＋	+ （プラス）
引き算	−	- （マイナス）
掛け算	×	* （アスタリスク）
割り算	÷	/ （スラッシュ）

 セルに四則演算の数式を入力すると

計算結果を表示したいセルに、**数式を入力**します。

	A	B	C	D
1	10	3	=10+3	
2				

計算式を入力すると…

すると、セルに**計算結果**が表示されます。

	A	B	C	D
1	10	3	13	
2				

計算結果が表示されます

四則演算で利用するキー

四則演算では、それぞれ次のキーを利用して記号を入力します。

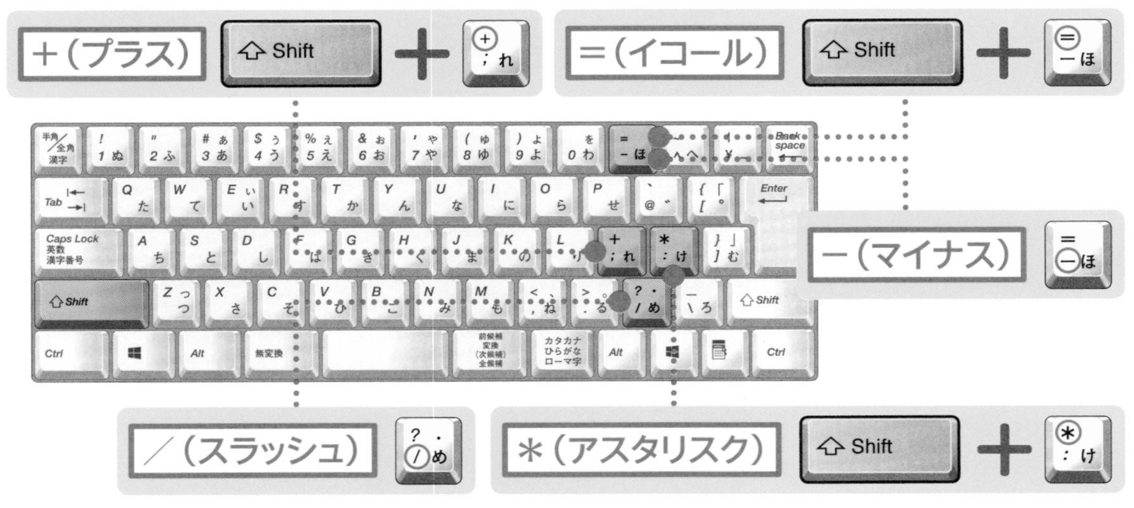

数式とは

エクセルの数式とは、セルに入力する計算式のことです。
ここでは、エクセルで数式を入力するときのルールを覚えましょう。

数式って何?

表計算ソフトのエクセルは、計算が得意です。
エクセルで計算を行うには、四則演算や関数を利用します。

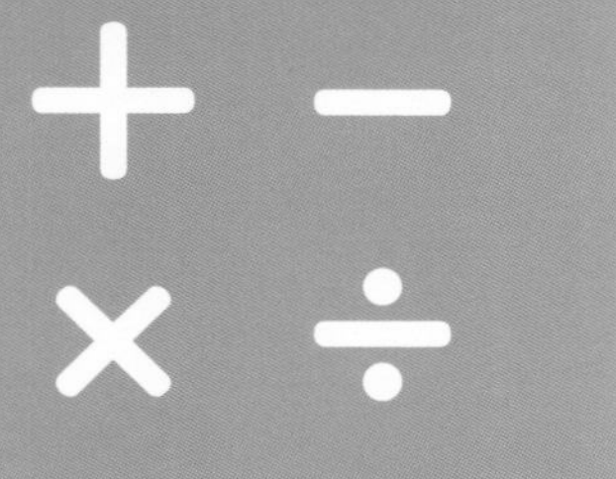

四則演算は、
足し算、引き算、掛け算、割り算を
使った計算のことです。

関数は、
難しい計算を行うために
あらかじめ用意されたしくみです。

数式を入力する手順 その1

数式を入力するときは、先頭に「=」(イコール)を入力します。

数式の先頭は必ず「=」で始める

	A	B	C	D
1	10	3	=	
2				

数式を入力する手順 その2

続いて、**数式を入力**します。
数値を入力したり、数値を入力した**セル**を指定して、
数式を作ることができます。

	A	B	C	D
1	10	3	=10+3	
2				

数値を入力して数式を作る

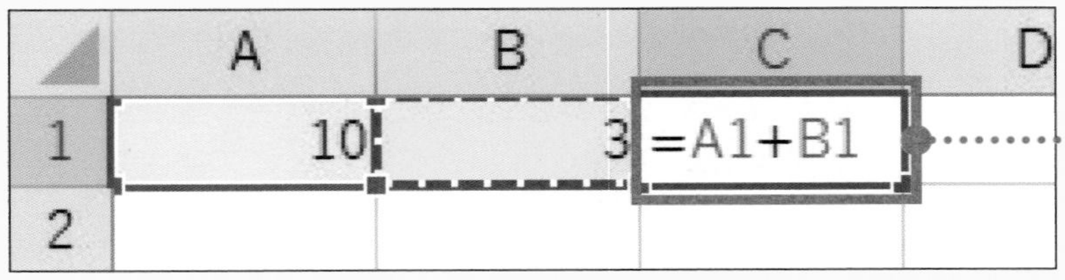

セルを指定して数式を作ることもできる

数式を入力する手順 その3

エンター
Enter キーを押すと、数式を入力したセルに、

計算結果が表示されます。

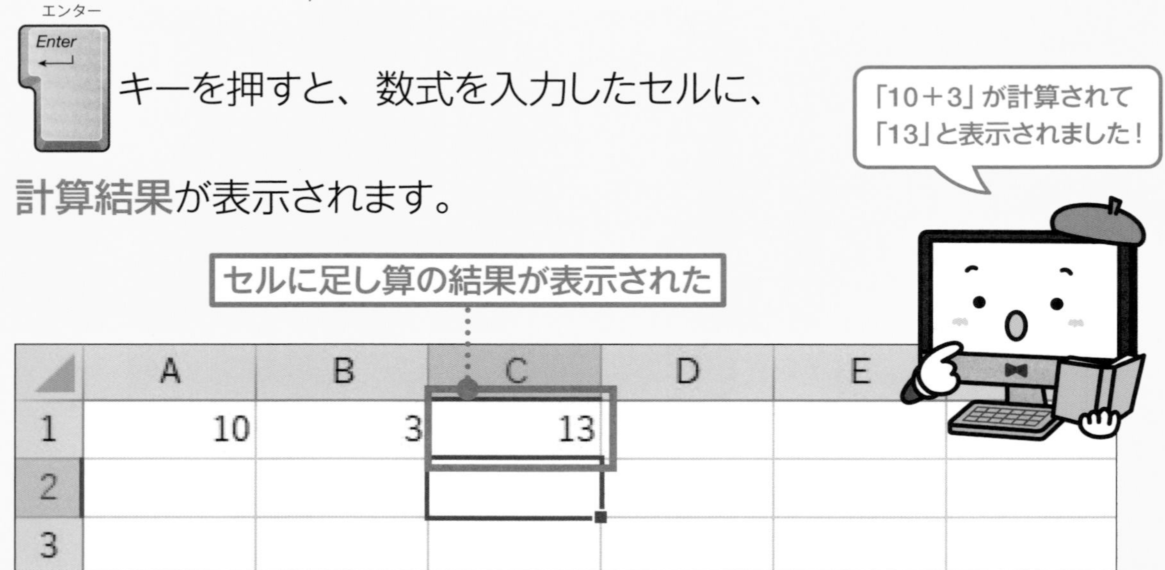

	A	B	C	D	E
1	10	3	13		
2					
3					

数式を入力する手順 その4

数値を入力したセルを 左クリックすると、

数式バーに入力した数式が表示されます。

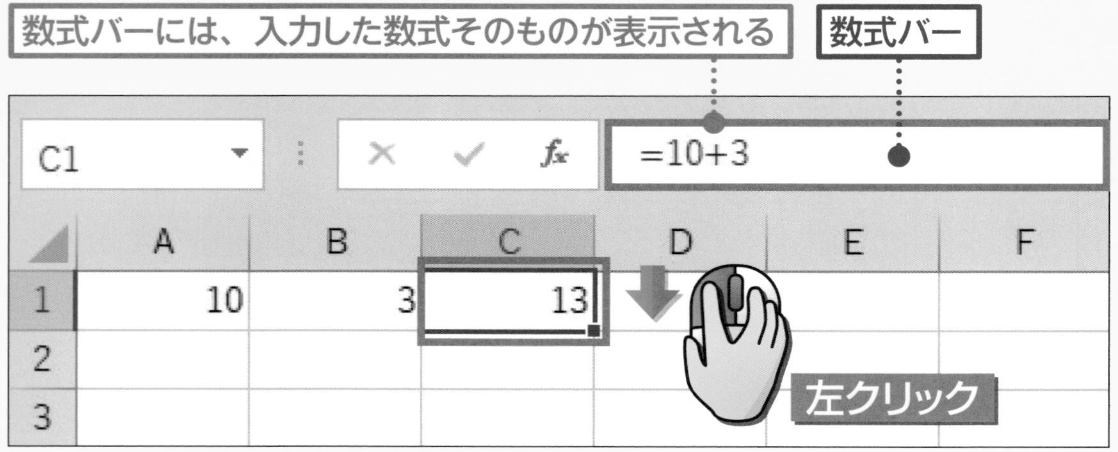

	A	B	C	D	E	F
1	10	3	13			
2						
3						

セルと数式バーの関係

左ページのように数式を入力したセルには、
計算結果が表示されます。
それに対して、
数式バーには、セルに入力した数式が表示されます。

入力した数式

C1 ▼ | × ✓ fx | =10+3

	A	B	C	D	E	F
1	10	3	13			
2						
3						

計算結果

これは、エクセル特有のしくみによるものです。
セルには**計算結果が自動で表示**され、
実際に入力された式は、数式バーに表示されます。

この章で使う表を作成しよう

この章では、「体験プログラム参加者集計表」を使って、四則演算の数式を作成します。体験プログラム参加者集計表は、以下の手順で作成します。

この章で使う表

この章で使う「体験プログラム参加者集計表」をいちから作ってみましょう。

	A	B	C	D	E	F	G	H	I	J	K
1	体験プログラム参加者集計表										
2		上期	下期	年間参加者数	月平均参加者数	昨年度参加者数	増減	参加費	参加費合計		
3	チーズ作り	871	932			1,532		800			
4	アイスクリーム作り	638	812			1,486		1,000			
5	キーホルダー作り	524	641			1,095		800			
6	キャンドル作り	624	742			1,240		700			
7											
8											
9											

❶ 文字と数値を入力する
❷ 列幅を広げる
❸ 数値に3桁ごとの「,」(カンマ)をつける
❹ 見出しのセルに色をつける
❺ 表全体に格子の罫線を引く
❻ ファイルに名前をつけて保存する

上の表をよく見て、エクセルで同じ表を作成しておきましょう!

表の作り方

❶ 以下のように、文字と数値を入力します。

❷ A列からI列の列幅を調整します。

	A	B	C	D	E	F	G	H	I	J	K
1	体験プログラム参加者集計表										
2		上期	下期	年間参加者数	月平均参加者数	昨年度参加者数	増減	参加費	参加費合計		
3	チーズ作り	871	932			1532		800			
4	アイスクリーム作り	638	812			1486		1000			
5	キーホルダー作り	524	641			1095		800			
6	キャンドル作り	624	742			1240		700			
7											

❸ B3セルからI6セルに（桁区切りスタイル）を設定して「,」（カンマ）をつけます。

	A	B	C	D	E	F	G	H	I	J	K
1	体験プログラム参加者集計表										
2		上期	下期	年間参加者数	月平均参加者数	昨年度参加者数	増減	参加費	参加費合計		
3	チーズ作り	871	932			1,532		800			
4	アイスクリーム作り	638	812			1,486		1,000			
5	キーホルダー作り	524	641			1,095		800			
6	キャンドル作り	624	742			1,240		700			
7											

❹ 2行目とA列の見出しに（塗りつぶしの色）を設定します。

❺ 表全体に（罫線）から「格子」の罫線を引きます。

	A	B	C	D	E	F	G	H	I	J	K
1	体験プログラム参加者集計表										
2		上期	下期	年間参加者数	月平均参加者数	昨年度参加者数	増減	参加費	参加費合計		
3	チーズ作り	871	932			1,532		800			
4	アイスクリーム作り	638	812			1,486		1,000			
5	キーホルダー作り	524	641			1,095		800			
6	キャンドル作り	624	742			1,240		700			
7											

❻「参加者集計表」と名前をつけて保存します。

足し算の数式を作ろう

足し算の数式を作ってみましょう。ここでは、「チーズ作り」の「上期」と「下期」の参加者を足して「年間参加者数」を求めます。

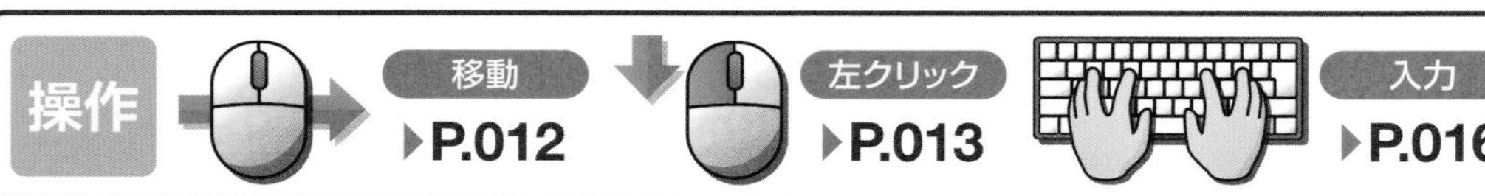

1 計算結果を表示するセルを選択します

D3セルにカーソルを移動して、左クリックします。

入力モードアイコンが A になっていることを確認します。

	A	B	C	D	E	F	G	H	I	J
1	体験プログラム参加者集計表									
2		上期	下期	年間参加者数	月平均参加者数	昨年度参加者数	増減	参加費	参加費合計	
3	チーズ作り	871	932			1,532		800		
4	アイスクリーム作り	638	812			1,486		1,000		
5	キーホルダー作り	524	641			1,095		800		
6	キャンドル作り	624	742			1,240		700		
7										

左クリック

ポイント！

ここでは、B3セルの「871」とC3セルの「932」を足した結果をD3セルに表示します。

2 「=」を入力します

	A	B	C	D	
1	体験プログラム参加者集計表				
2		上期	下期	年間参加者数	月平
3	チーズ作り	871	932	=	
4	アイスクリーム作り	638	812		
5	キーホルダー作り	524	641		
6	キャンドル作り	624	742		
7					
8					
9					
10					

Shift（シフト）キーを押しながら＝ーほキーを押します。

「=」と入力されます。

3 「上期」の人数を入力します

	A	B	C	D	
1	体験プログラム参加者集計表				
2		上期	下期	年間参加者数	月平
3	チーズ作り	871	932	=871	
4	アイスクリーム作り	638	812		
5	キーホルダー作り	524	641		
6	キャンドル作り	624	742		
7					
8					
9					
10					
11					

「871」と

4 「+」を入力します

	A	B	C	D	
1	体験プログラム参加者集計表				
2		上期	下期	年間参加者数	月平
3	チーズ作り	871	932	=871+	
4	アイスクリーム作り	638	812		
5	キーホルダー作り	524	641		
6	キャンドル作り	624	742		
7					
8					
9					
10					

Shift（シフト）キーを押しながら ;れ キーを押します。

「＝871＋」と入力されます。

5 「下期」の人数を入力します

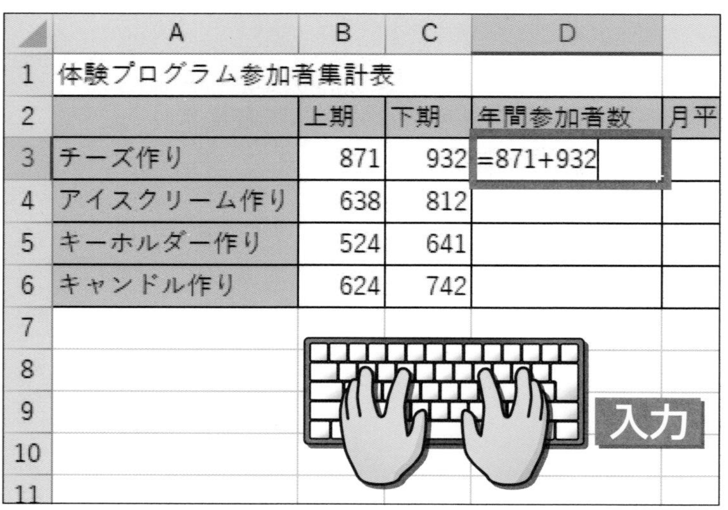

	A	B	C	D	
1	体験プログラム参加者集計表				
2		上期	下期	年間参加者数	月平
3	チーズ作り	871	932	=871+932	
4	アイスクリーム作り	638	812		
5	キーホルダー作り	524	641		
6	キャンドル作り	624	742		
7					
8					
9					
10					
11					

「932」と

入力します。

ポイント！

数字を間違えて入力した時は、Back space キーを押して、左側の数字を削除してから入力し直します。

6 Enter キーを押します

	A	B	C	D	
1	体験プログラム参加者集計表				
2		上期	下期	年間参加者数	月平
3	チーズ作り	871	932	=871+932	
4	アイスクリーム作り	638	812		
5	キーホルダー作り	524	641		
6	キャンドル作り	624	742		
7					
8					
9					
10					

「＝871＋932」の数式が入力できたら

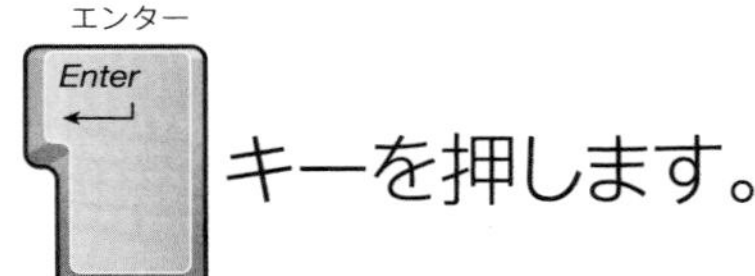

キーを押します。

7 計算結果が表示されます

D3セルに、計算結果「1,803」が表示されます。

D3セルを 左クリックして、数式バーを確認します。

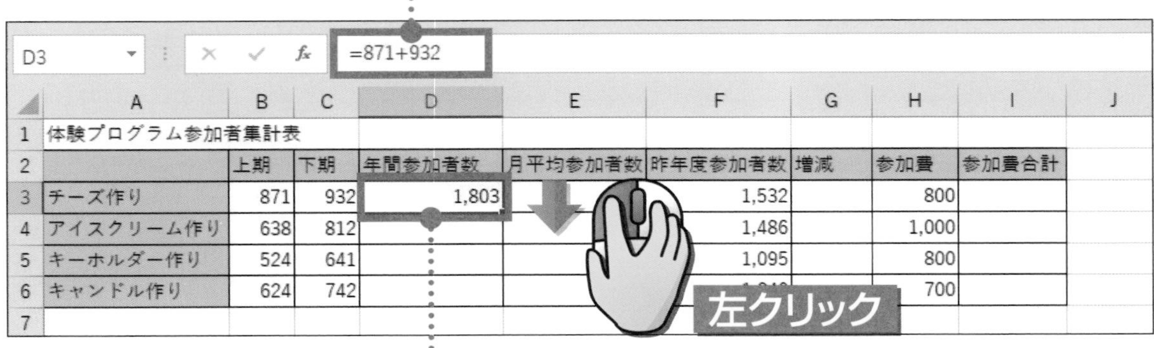

引き算の数式を作ろう

引き算の数式を作ってみましょう。
「年間参加者数」から「昨年度参加者数」を引いて「増減」を求めます。

操作

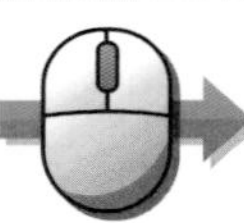
移動 ▶P.012
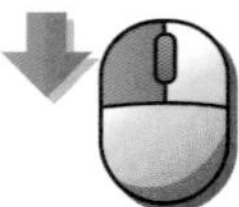
左クリック ▶P.013

入力 ▶P.016

1 計算結果を表示するセルを選択します

G3セルに（カーソル）を移動して、左クリックします。

入力モードアイコンが  になっていることを確認します。

	A	B	C	D	E	F	G	H	I	J
1	体験プログラム参加者集計表									
2		上期	下期	年間参加者数	月平均参加者数	昨年度参加者数	増減	参加費	参加費合計	
3	チーズ作り	871	932	1,803		1,532	✚	800		
4	アイスクリーム作り	638	812			1,486		1,000		
5	キーホルダー作り	524	641			1,095		800		
6	キャンドル作り	624	742			1,240		700		
7										

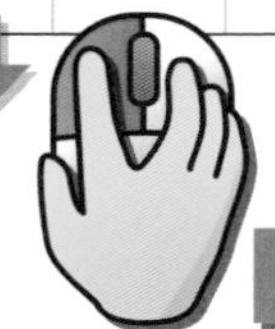

ポイント！

ここでは、「1,803」から「1,532」を引いた結果をG3セルに表示します。

2 「=」を入力します

E	F	G	H	I
参加者数	昨年度参加者数	増減	参加費	参加費合計
	1,532	=	800	
	1,486		1,000	
	1,095		800	
	1,240		700	

Shift + =ーほ

シフト
Shiftキーを

を押しながら

=ーほキーを押します。

「=」と入力されます。

3 「年間参加者数」を入力します

E	F	G	H	I
参加者数	昨年度参加者数	増減	参加費	参加費合計
	1,532	=1803	800	
	1,486		1,000	
	1,095		800	
	1,240		700	

「1803」と

します。

ポイント!

数値を入力する際、「,」（カンマ）や「¥」（円マーク）は入力する必要がありません。

4 「ー」を入力します

E	F	G	H	I
参加者数	昨年度参加者数	増減	参加費	参加費合計
	1,532	=1803-	800	
	1,486		1,000	
	1,095		800	
	1,240		700	

[＝ー ほ]キーを押します。

「＝1803ー」と入力されます。

ポイント！

[Shift]キーを押しながら[＝ー ほ]（ほ）キーを押すと「=」と入力され、[Shift]キーを押さずに[＝ー ほ]（ほ）キーを押すと「ー」と入力されます。

5 「昨年度参加者数」を入力します

E	F	G	H	I
参加者数	昨年度参加者数	増減	参加費	参加費合計
	1,532	=1803-1532		
	1,486		1,000	
	1,095		800	
	1,240		700	

入力

「1532」と

入力します。

ポイント！

数字を間違えて入力した時は、[Back space]キーを押して、左側の数字を削除してから入力し直します。

6 Enter キーを押します

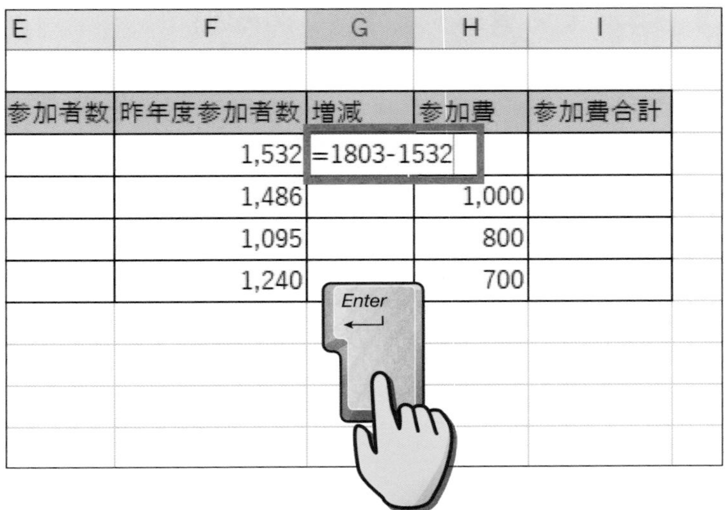

E	F	G	H	I
参加者数	昨年度参加者数	増減	参加費	参加費合計
	1,532	=1803-1532		
	1,486		1,000	
	1,095		800	
	1,240		700	

「＝1803-1532」の数式が入力できたら

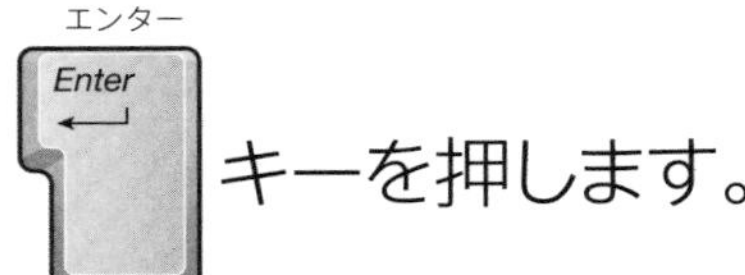

キーを押します。

7 計算結果が表示されます

G3セルに「1803－1532」の計算結果「271」が表示されます。

G3セルを 左クリックして、数式バーを確認します。

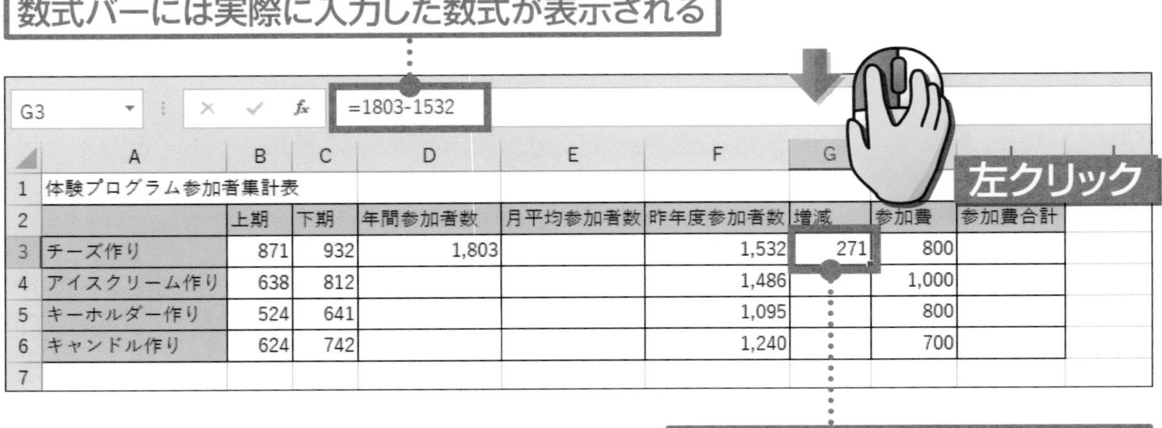

	A	B	C	D	E	F	G	H	I
1	体験プログラム参加者集計表								
2		上期	下期	年間参加者数	月平均参加者数	昨年度参加者数	増減	参加費	参加費合計
3	チーズ作り	871	932	1,803		1,532	271	800	
4	アイスクリーム作り	638	812			1,486		1,000	
5	キーホルダー作り	524	641			1,095		800	
6	キャンドル作り	624	742			1,240		700	
7									

掛け算の数式を作ろう

掛け算の数式を作ってみましょう。ここでは、「チーズ作り」の「参加費」と「年間参加者数」を掛けて「参加費合計」を求めます。

操作  移動 ▶P.012 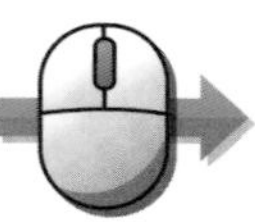 左クリック ▶P.013  入力 ▶P.016

1 計算結果を表示するセルを選択します

I3セルに✚(カーソル)を移動して、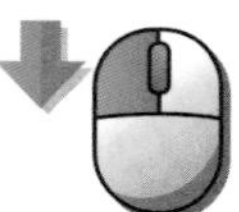左クリックします。

入力モードアイコンが A になっていることを確認します。

	A	B	C	D	E	F	G	H	I	J
1	体験プログラム参加者集計表									
2		上期	下期	年間参加者数	月平均参加者数	昨年度参加者数	増減	参加費	参加費合計	
3	チーズ作り	871	932	1,803		1,532	271	800		
4	アイスクリーム作り	638	812			1,486		1,000		
5	キーホルダー作り	524	641			1,095		800		
6	キャンドル作り	624	742			1,240		700		
7										

左クリック

ポイント!

ここでは、「800」と「1803」を掛けた結果をI3セルに表示します。

2 「=」を入力します

	F	G	H	I	J
数	昨年度参加者数	増減	参加費	参加費合計	
	1,532	271	800	=	
	1,486		1,000		
	1,095		800		
	1,240		700		

Shift + =ほ

キーを

を押しながら

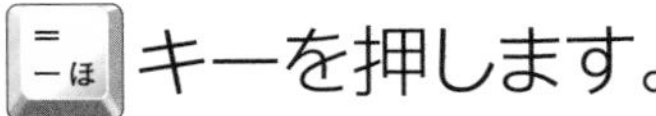

キーを押します。

「=」と入力されます。

3 「参加費」を入力します

	F	G	H	I	J
数	昨年度参加者数	増減	参加費	参加費合計	
	1,532	271	800	=800	
	1,486		1,000		
	1,095		800		
	1,240		700		

入力

「800」と

します。

ポイント！

数値を入力する際、「,」（カンマ）や「¥」（円マーク）は入力する必要がありません。

4 「*」を入力します

	F	G	H	I	J
数	昨年度参加者数	増減	参加費	参加費合計	
	1,532	271	800	=800*	
	1,486		1,000		
	1,095		800		
	1,240		700		

Shift + *:け

シフト
Shift キーを

を押しながら

*:け キーを押します。

「=800*」と
入力されます。

「*」は「アスタリスク」と
呼ばれる記号です！

5 「年間参加者数」を入力します

	F	G	H	I	J
数	昨年度参加者数	増減	参加費	参加費合計	
	1,532	271	800	=800*1803	
	1,486		1,000		
	1,095		800		
	1,240		700		

入力

「1803」と

入力します。

ポイント！

数字を間違えて入力した時は、Back space キーを押して、左側の数字を削除してから入力し直します。

6 Enter キーを押します

	F	G	H	I	J
数	昨年度参加者数	増減	参加費	参加費合計	
	1,532	271	800	=800*1803	
	1,486		1,000		
	1,095		800		
	1,240		700		

「＝800＊1803」の数式が入力できたら

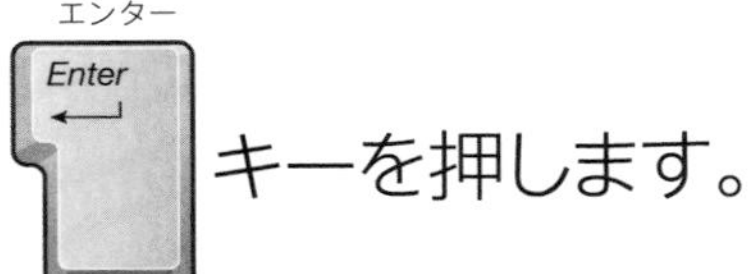

キーを押します。

7 計算結果が表示されます

I3セルに「800×1803」の計算結果「1,442,400」が表示されます。

I3セルを 左クリックして、数式バーを確認します。

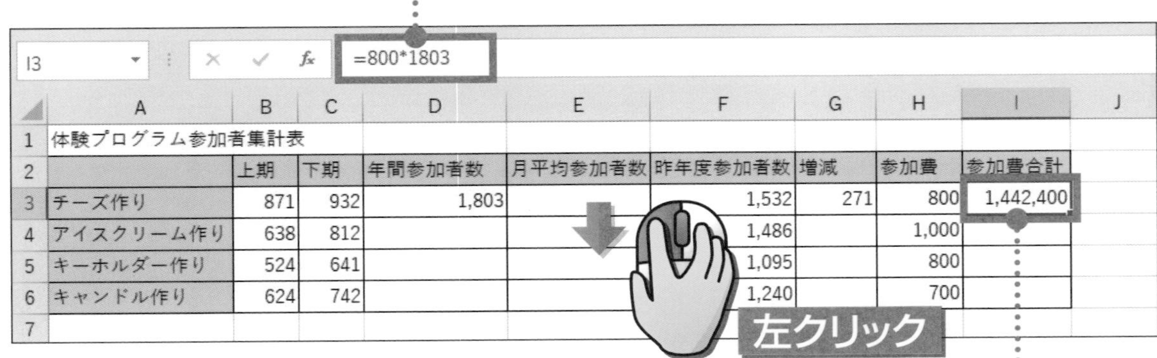

足し算と割り算を組み合わせた数式を作ろう

足し算と割り算の優先順位を指定します。
ここでは、「チーズ作り」の「上期」と「下期」を足して「12」で割ります。

1 計算結果を表示するセルを選択します

E3セルに（カーソル）を移動して、左クリックします。

入力モードアイコンが A になっていることを確認します。

	A	B	C	D	E	F	G	H	I	J
1	体験プログラム参加者集計表									
2		上期	下期	年間参加者数	月平均参加者数	昨年度参加者数	増減	参加費	参加費合計	
3	チーズ作り	871	932	1,803		1,532	271	800	1,442,400	
4	アイスクリーム作り	638	812			1,486		1,000		
5	キーホルダー作り	524	641			1,095		800		
6	キャンドル作り	624	742			1,240		700		
7										

左クリック

ポイント！

ここでは、「871」と「932」を足した結果を「12」で割って月平均を求め、E3セルに表示します。

2 「=」を入力します

	B	C	D	E	
ム参加者集計表					
	上期	下期	年間参加者数	月平均参加者数	昨年度
	871	932	1,803	=	
ム作り	638	812			
作り	524	641			
り	624	742			

シフト

Shift キーを

を押しながら

=ーほ キーを押します。

「=」と入力されます。

3 「(」を入力します

	B	C	D	E	
ム参加者集計表					
	上期	下期	年間参加者数	月平均参加者数	昨年度
	871	932	1,803	=(	
ム作り	638	812			
作り	524	641			
り	624	742			

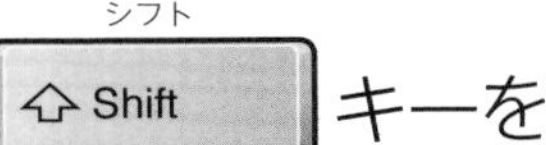

シフト

Shift キーを

を押しながら

(ゆ 8 ゆ キーを押します。

「=(」と入力されます。

4 「月平均参加者数」を求めます

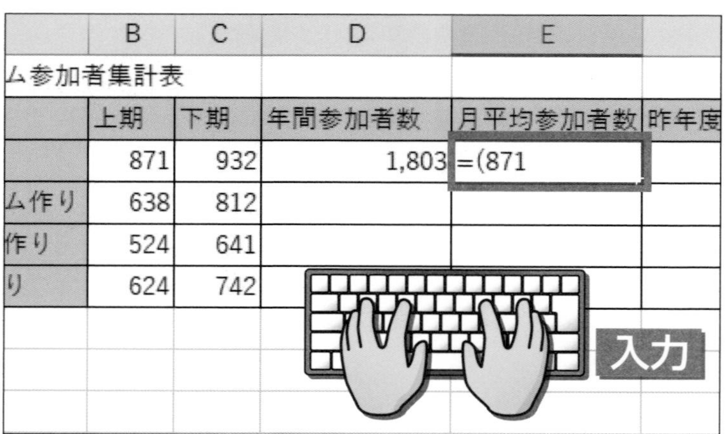

	B	C	D	E	
ム参加者集計表					
	上期	下期	年間参加者数	月平均参加者数	昨年度
	871	932	1,803	=(871	
ム作り	638	812			
作り	524	641			
り	624	742			

「871」と

入力します。

ポイント！

「871」は「上期」の参加者数です。

	B	C	D	E	
ム参加者集計表					
	上期	下期	年間参加者数	月平均参加者数	昨年度
	871	932	1,803	=(871+	
ム作り	638	812			
作り	524	641			
り	624	742			

Shift（シフト）キーを押しながら ＋；れ キーを押します。

	B	C	D	E	
ム参加者集計表					
	上期	下期	年間参加者数	月平均参加者数	昨年度
	871	932	1,803	=(871+932	
ム作り	638	812			
作り	524	641			
り	624	742			

「932」と

入力します。

ポイント！

「932」は「下期」の参加者数です。

5 「)」を入力します

	B	C	D	E	
ム参加者集計表					
	上期	下期	年間参加者数	月平均参加者数	昨年度
	871	932	1,803	=(871+932)	
ム作り	638	812			
作り	524	641			
り	624	742			

シフト

キーを押しながら

キーを押します。

「=(871+932)」と入力されます。

6 割り算の「/」を入力します

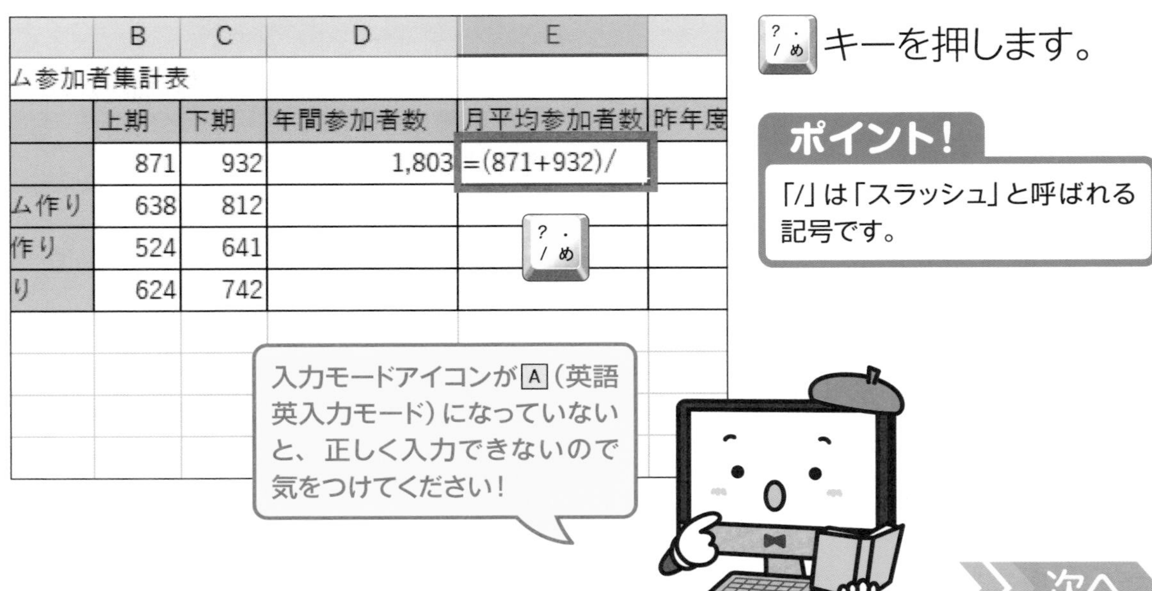

キーを押します。

ポイント!

「/」は「スラッシュ」と呼ばれる記号です。

次へ

7 「12」を入力します

	B	C	D	E	
ム参加者集計表					
	上期	下期	年間参加者数	月平均参加者数	昨年度
	871	932	1,803	=(871+932)/12	
ム作り	638	812			
作り	524	641			
り	624	742			

入力

「12」と

入力します。

ポイント!

1年間の平均売上数を求めるので、12か月の「12」を入力します。

8 Enter キーを押します

「＝（871＋932）/12」と入力できたら

Enter（エンター）キーを押します。

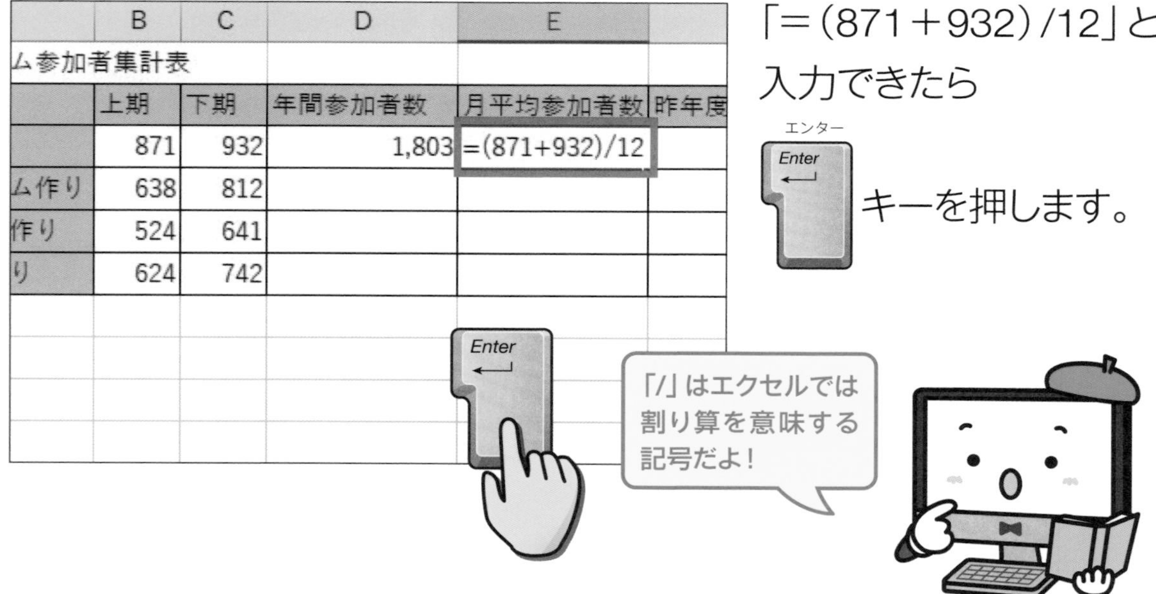

	B	C	D	E	
ム参加者集計表					
	上期	下期	年間参加者数	月平均参加者数	昨年度
	871	932	1,803	=(871+932)/12	
ム作り	638	812			
作り	524	641			
り	624	742			

9 計算結果が表示されます

E3セルに「=(871+932)/12」の計算結果「150」が表示されます。

E3セルを左クリックして、数式バーを確認します。

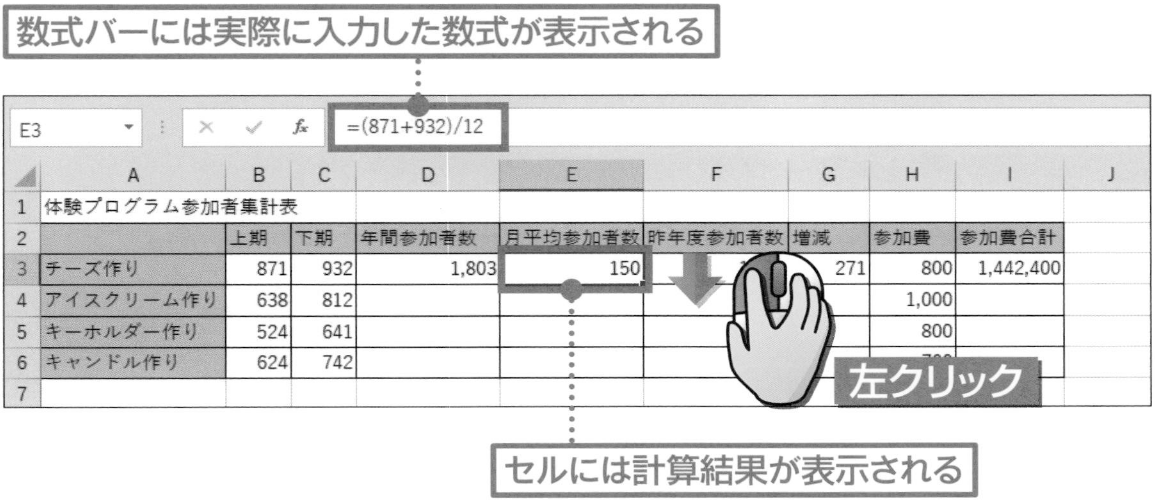

数式バーには実際に入力した数式が表示される

E3 | =(871+932)/12

	A	B	C	D	E	F	G	H	I	J
1	体験プログラム参加者集計表									
2		上期	下期	年間参加者数	月平均参加者数	昨年度参加者数	増減	参加費	参加費合計	
3	チーズ作り	871	932	1,803	150		271	800	1,442,400	
4	アイスクリーム作り	638	812					1,000		
5	キーホルダー作り	524	641					800		
6	キャンドル作り	624	742							
7										

左クリック

セルには計算結果が表示される

コラム 四則演算の優先順位

算数と同じように、掛け算や割り算より足し算や引き算を先に行うには、足し算や引き算を( )で囲みます。

=(871+932)/12

( )で囲んだ足し算が先に計算される

割り算はあとから計算される

数式を修正しよう

数式を入力したあとで、数式の内容を修正できます。
数式の修正は数式バーで行います。

操作  左クリック 
▶P.013
 入力
▶P.016

1 修正したい数式を選択します

H3セルを左クリックして、「950」に修正します。

I3セルを左クリックします。

数式バー

I3 =800*1803

	A	B	C	D	E	F	G	H	I	J
1	体験プログラム参加者集計表									
2		上期	下期	年間参加者数	月平均参加者数	昨年度参加者数	増減	参加費	参加費合計	
3	チーズ作り	871	932	1,803	150	1,532	271	950	1,442,400	
4	アイスクリーム作り	638	812			1,486		1,000		

ポイント!

ここでは、H3セルの「参加費」を800円から950円に修正したので、I3セルに入力されている「参加費合計」の数式も修正します。

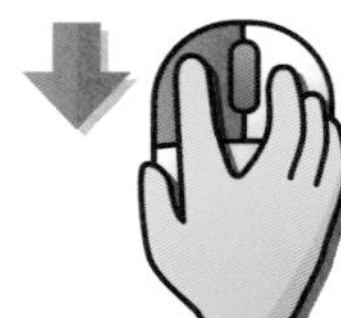

2 数式バーを左クリックします

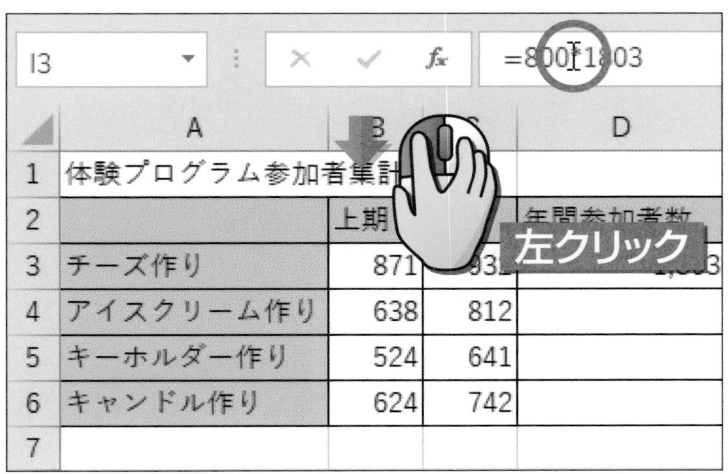

数式バーの
「800」の右側を

3 数字を削除します

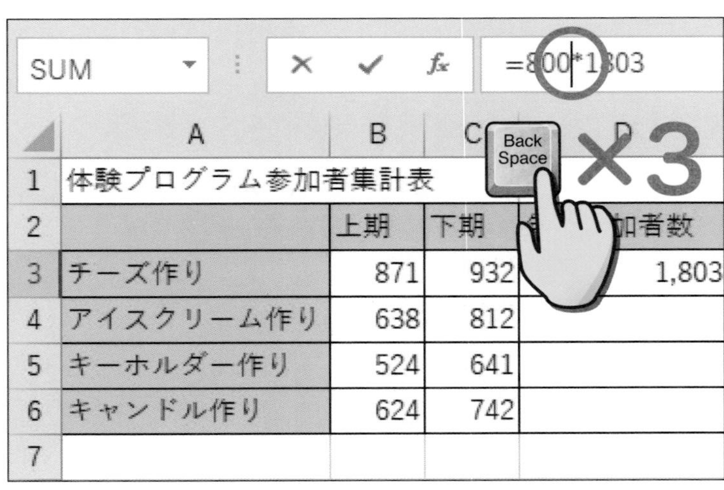

文字カーソル
| が表示されたら、

バックスペース
Back Space キーを

3回押します。

4 数字を削除できました

SUM　=*1803

	A	B	C	D
1	体験プログラム参加者集計表			
2		上期	下期	年間参加者数
3	チーズ作り	871	932	1,803
4	アイスクリーム作り	638	812	
5	キーホルダー作り	524	641	
6	キャンドル作り	624	742	
7				

「800」を
削除できました。

5 数字を入力し直します

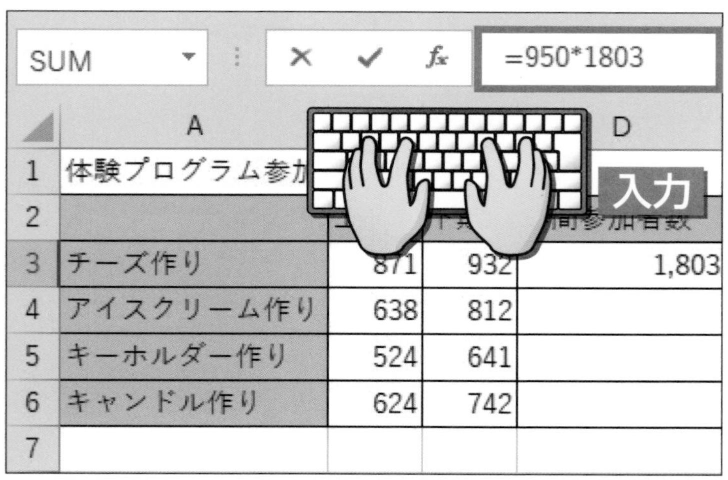

	A	B	C	D
1	体験プログラム参加			
2				間参加者数
3	チーズ作り	871	932	1,803
4	アイスクリーム作り	638	812	
5	キーホルダー作り	524	641	
6	キャンドル作り	624	742	
7				

正しい数字「950」を

入力します。

ポイント!

46ページで参加費を800円から950円に修正しているため、ここでは「950」と入力しています。

6 Enter キーを押します

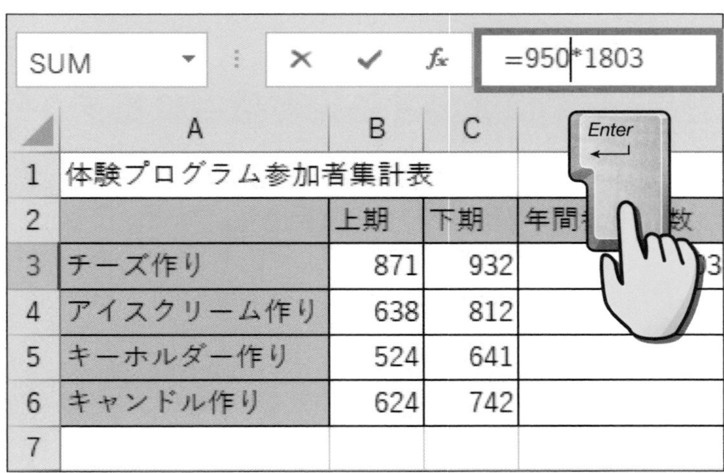

「＝950＊1803」に修正できたら

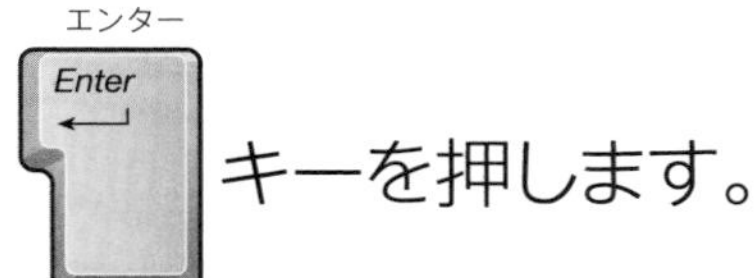

キーを押します。

7 計算結果が表示されます

I3セルに、「＝950＊1803」の計算結果「1,712,850」が表示されます。

I3セルを 左クリックして、数式バーを確認します。

数式バーには実際に入力した数式が表示される

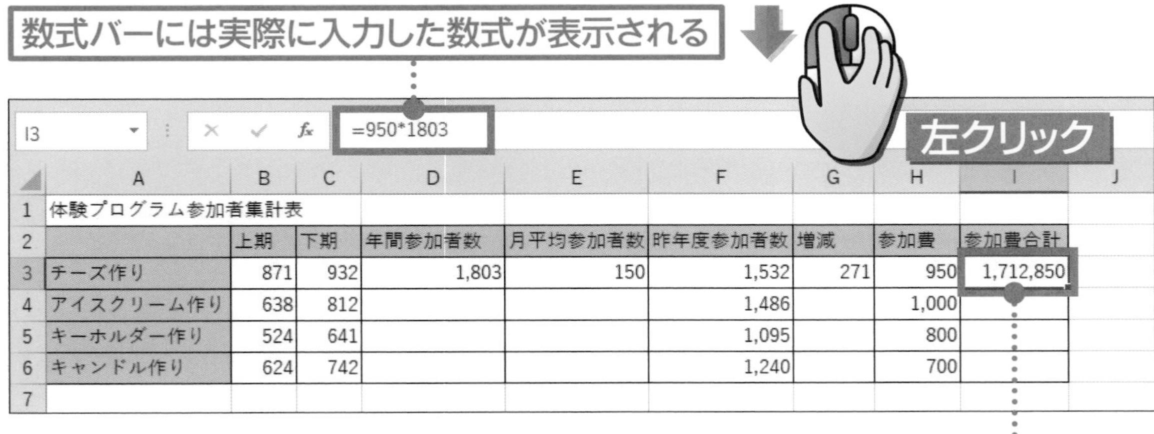

	A	B	C	D	E	F	G	H	I	J
1	体験プログラム参加者集計表									
2		上期	下期	年間参加者数	月平均参加者数	昨年度参加者数	増減	参加費	参加費合計	
3	チーズ作り	871	932	1,803	150	1,532	271	950	1,712,850	
4	アイスクリーム作り	638	812			1,486		1,000		
5	キーホルダー作り	524	641			1,095		800		
6	キャンドル作り	624	742			1,240		700		
7										

セルには計算結果が表示される

第❶章 練習問題

1 数式を入力するときに、最初に入力する記号はどれですか?

❶ /
❷ #
❸ =

2 掛け算で使う記号はどれですか?

❶ *
❷ ×
❸ /

3 「9÷3」の割り算の数式で正しいのはどれですか?

❶ 9*3=
❷ =9/3
❸ 9/3=

第2章

セル参照を使って数式を作ろう

この章で学ぶこと

- セル参照について知っていますか?
- セル参照で足し算の数式を作成できますか?
- セル参照で掛け算の数式を作成できますか?
- 計算元の数値が変更されたらどうなるかわかりますか?

この章でやること セル参照

第1章では、計算したい数値を入力して数式を作成しました。
この章では、数値が入力されているセルを使って数式を作成します。

セル参照って何?

セルの位置は、英字の列番号と数字の行番号の組み合わせで表します。
たとえば、A列の1行目のセルは「A1」という具合です。
「A1」や「B1」などのセルを使って数式を作成することをセル参照と呼びます。

	A	B	C	D
1	10	3	=A1+B1	
2				
3				

列番号
行番号
A列の1行目なので A1セル
B列の1行目なので B1セル
A1セルとB1セルを合計する数式

セル参照を使うと何が便利?

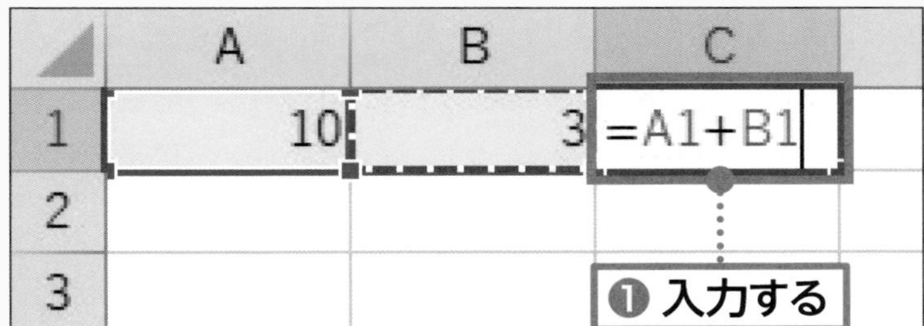

計算結果を
表示したいセルに、
セル参照で数式を
入力します。

A1セルの「10」と
B1セルの「3」が
合計されて
「13」が表示されます。

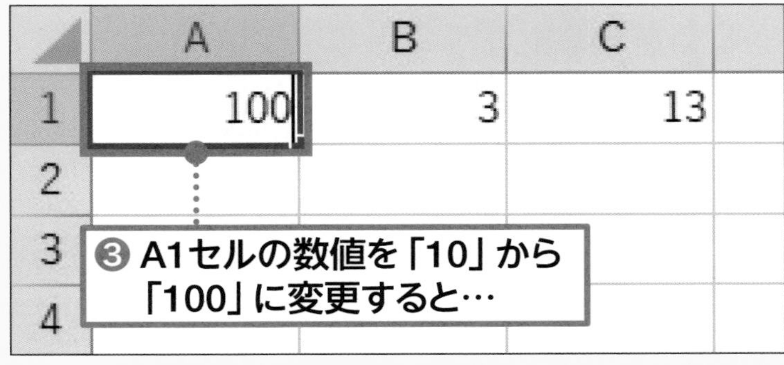

数式のもとになる
A1セルの数値を
変更します。

	A	B	C
1	100	3	103
2			
3			

❹ C1セルの計算結果が変わる

A1セルが
「100」になったので、
計算結果が「103」に
自動的に変わります。

セルを使って足し算の数式を作ろう

セル参照で足し算の数式を作ってみましょう。
「チーズ作り」の「上期」と「下期」を足して「年間参加者数」を求めます。

1 計算結果を表示するセルを選択します

26ページの表で、D3セルに(カーソル)を移動して、左クリックします。

Delete(デリート)キーを押します。D3セルに入力されていた式が削除されます。

	A	B	C	D	E	F	G	H	I	J
1	体験プログラム参加者集計表									
2		上期	下期	年間参加者数	月平均参加者数	昨年度参加者数	増減	参加費	参加費合計	
3	チーズ作り	871	932	1,803	150	1,532	271	950	1,712,850	
4	アイスクリーム作り	638	812					1,000		
5	キーホルダー作り	524	641					800		
6	キャンドル作り	624	742			1,240		700		
7										

左クリック

Delete

ポイント!

ここでは、B3セルの上期の参加者数とC3セルの下期の参加者数を足した結果をD3セルに表示します。

2 「=」を入力します

	A	B	C	D	
1	体験プログラム参加者集計表				
2		上期	下期	年間参加者数	月平
3	チーズ作り	871	932	=	
4	アイスクリーム作り	638	812		
5	キーホルダー作り	524	641		
6	キャンドル作り	624	742		
7					
8					
9					
10					

Shift ＋ =ほ

キーを

を押しながら

=ほ キーを押します。

3 B3セルを左クリックします

	A	B	C	D	
1	体験プログラム参加者集計表				
2		上期	下期	年間参加者数	月平
3	チーズ作り	871	932	=B3	
4	アイスクリーム作り	638	812		
5	キーホルダー作り	524	641		
6	キャンドル作り	624	742		
7					
8					
9					
10					
11					

左クリック

B3セルを

「=B3」と入力されます。

4 「+」を入力します

	A	B	C	D	
1	体験プログラム参加者集計表				
2		上期	下期	年間参加者数	月平
3	チーズ作り	871	932	=B3+	
4	アイスクリーム作り	638	812		
5	キーホルダー作り	524	641		
6	キャンドル作り	624	742		
7					
8					
9					
10					

Shift（シフト）キーを

を押しながら

；れ キーを押します。

「＝B3＋」と

入力されます。

5 C3セルを左クリックします

	A	B	C	D	
1	体験プログラム参加者集計表				
2		上期	下期	年間参加者数	月平
3	チーズ作り	871	932	=B3+	
4	アイスクリーム作り	638	812		
5	キーホルダー作り	524	641		
6	キャンドル作り	624	742		
7					
8					
9					
10					
11					

左クリック

C3セルを

ポイント！

左クリックするセルを間違えた時は、そのまま正しいセルを左クリックし直します。

6 Enter キーを押します

	A	B	C	D	
1	体験プログラム参加者集計表				
2		上期	下期	年間参加者数	月平
3	チーズ作り	871	932	=B3+C3	
4	アイスクリーム作り	638	812		
5	キーホルダー作り	524	641		
6	キャンドル作り	624	742		
7					
8					
9					

「＝B3＋C3」の数式が入力できたら

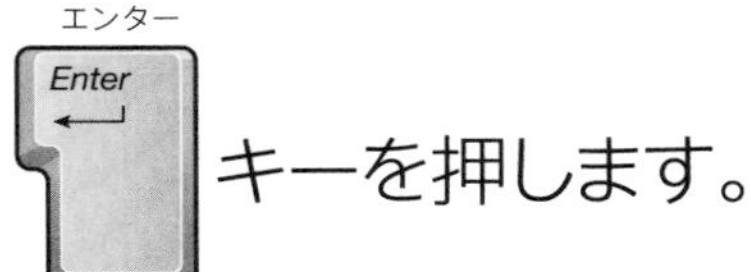

キーを押します。

7 計算結果が表示されます

D3セルにB3セルの「871」とC3セルの「932」の合計「1,803」が表示されます。

D3セルを 左クリックして、数式バーを確認します。

数式バーには実際に入力した数式が表示される

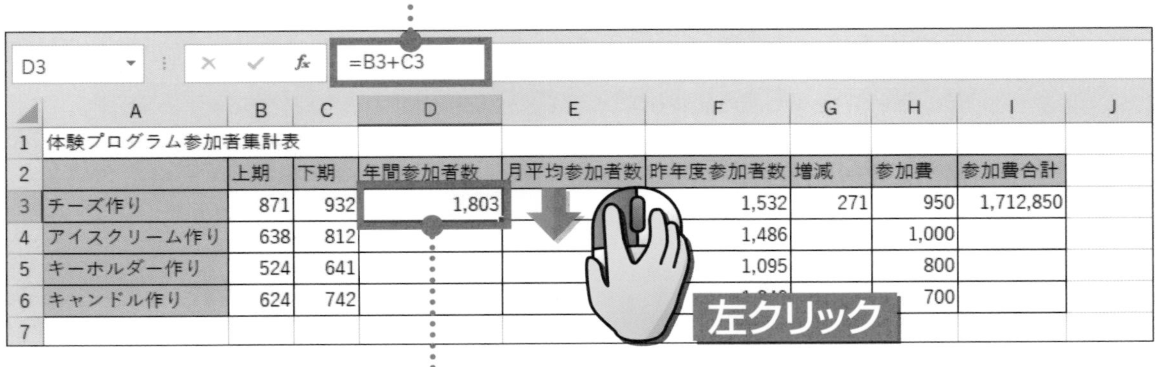

	A	B	C	D	E	F	G	H	I	J
1	体験プログラム参加者集計表									
2		上期	下期	年間参加者数	月平均参加者数	昨年度参加者数	増減	参加費	参加費合計	
3	チーズ作り	871	932	1,803		1,532	271	950	1,712,850	
4	アイスクリーム作り	638	812			1,486		1,000		
5	キーホルダー作り	524	641			1,095		800		
6	キャンドル作り	624	742			[illegible]		700		
7										

セルには計算結果が表示される

セルを使って掛け算の数式を作ろう

セル参照で掛け算の数式を作ってみましょう。「チーズ作り」の「参加費」と「年間参加者数」を掛けて「参加費合計」を求めます。

1 計算結果を表示するセルを選択します

I3セルに✚（カーソル）を移動して、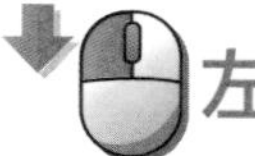左クリックします。

Delete（デリート）キーを押します。I3セルに入力されていた式が削除されます。

	A	B	C	D	E	F	G	H	I	J
1	体験プログラム参加者集計表									
2		上期	下期	年間参加者数	月平均参加者数	昨年度参加者数	増減	参加費	参加費合計	
3	チーズ作り	871	932	1,803	150	1,532	271	950	1,712,850	
4	アイスクリーム作り	638	812			1,486		1,000		
5	キーホルダー作り	524	641			095		800		
6	キャンドル作り	624	742			40		700		
7										
8										
9										
10										

左クリック

Delete

2 「＝」を入力します

	F	G	H	I	J
数	昨年度参加者数	増減	参加費	参加費合計	
50	1,532	271	950	=	
	1,486		1,000		
	1,095		800		
	1,240		700		

Shift ＋ ＝ ー ほ

シフト

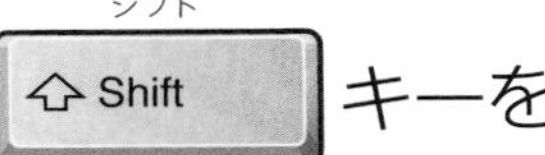

キーを

を押しながら

＝ ー ほ キーを押します。

3 H3セルを左クリックします

	F	G	H	I	J
数	昨年度参加者数	増減	参加費	参加費合計	
50	1,532	271	950	=H3	
	1,486		1,000		
	1,095		800		
	1,240		700		

左クリック

H3セルを

「＝H3」と入力されます。

ポイント！

左クリックするセルを間違えた時は、そのまま正しいセルを左クリックし直します。

4 「*」を入力します

	F	G	H	I	J
数	昨年度参加者数	増減	参加費	参加費合計	
50	1,532	271	950	=H3*	
	1,486		1,000		
	1,095		800		
	1,240		700		

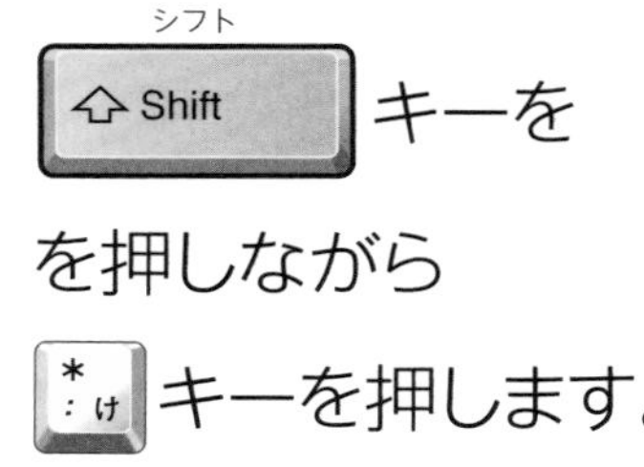

シフト
Shift キーを

を押しながら

キーを押します。

「=H3＊」と
入力されます。

5 D3セルを左クリックします

	A	B	C	D	
1	体験プログラム参加者集計表				
2		上期	下期	年間参加者数	月平
3	チーズ作り	871	932	1,803	
4	アイスクリーム作り	638	812		
5	キーホルダー作り	524	641		
6	キャンドル作り	624	742		
7					
8					
9					
10					
11					

D3セルを

左クリックします。

6 Enter キーを押します

	F	G	H	I	J
数	昨年度参加者数	増減	参加費	参加費合計	
50	1,532	271	950	=H3*D3	
	1,486		1,000		
	1,095		800		
	1,240		700		

「＝H3＊D3」の数式が入力できたら

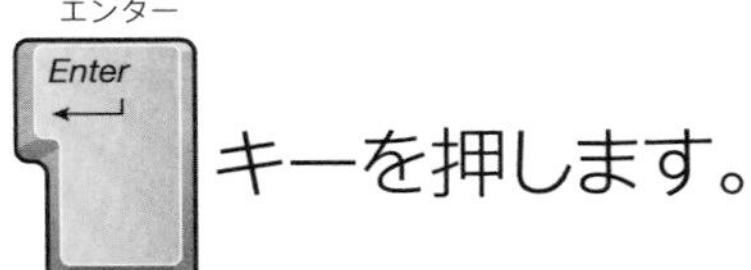

キーを押します。

7 計算結果が表示されます

I3セルにH3セルの「950」とD3セルの「1803」の掛け算の結果「1,712,850」が表示されます。

I3セルを 左クリックして、数式バーを確認します。

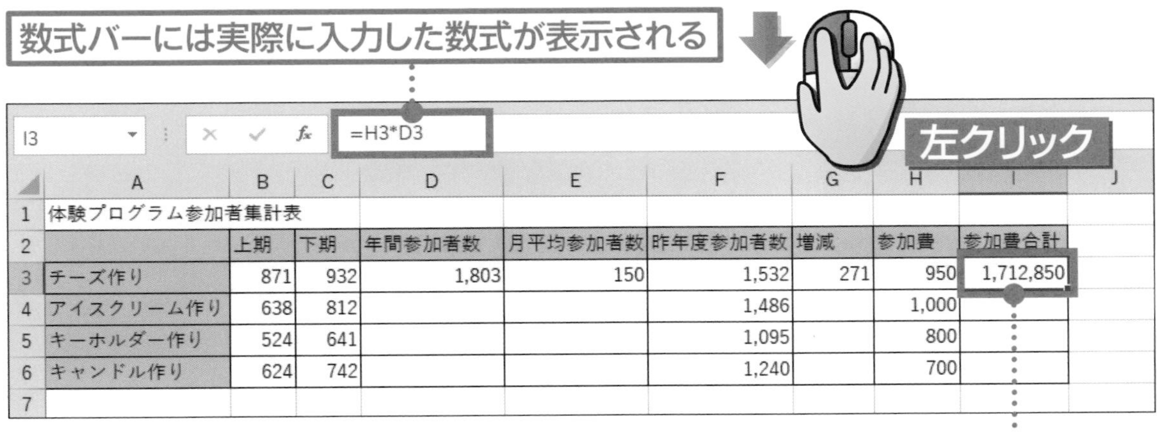

	A	B	C	D	E	F	G	H	I	J
1	体験プログラム参加者集計表									
2		上期	下期	年間参加者数	月平均参加者数	昨年度参加者数	増減	参加費	参加費合計	
3	チーズ作り	871	932	1,803	150	1,532	271	950	1,712,850	
4	アイスクリーム作り	638	812			1,486		1,000		
5	キーホルダー作り	524	641			1,095		800		
6	キャンドル作り	624	742			1,240		700		
7										

セルの数値を変更しよう

数式を作成したあとで、数式のもとの数値を変更します。
セルの数値が変わると自動的に計算結果も変わります。

1 修正したいセルを選択します

	F	G	H	I	J
数	昨年度参加者数	増減	参加費	参加費合計	
50	1,532	271	950	1,712,850	
	1,486		1,000		
	1,095		800		
	1,240		700		

左クリック

Delete

H3セルに

カーソル（十字）を移動して、

左クリックします。

デリート
Delete キーを押します。

ポイント！

ここでは、H3セルの「参加費」を変更します。

2 数値を入力します

	F	G	H	I	J
数	昨年度参加者数	増減	参加費	参加費合計	
50	1,532	271	800	1,712,850	
	1,486		1,000		
	1,095		800		
	1,240		700		

入力

「800」と入力します。

ポイント!

ここでは、「950」を「800」に変更しました。

3 計算結果が変わりました

エンター

キーを押すと、H3セルの数値の変更に合わせて、I3セルの参加費合計の金額が変わります。

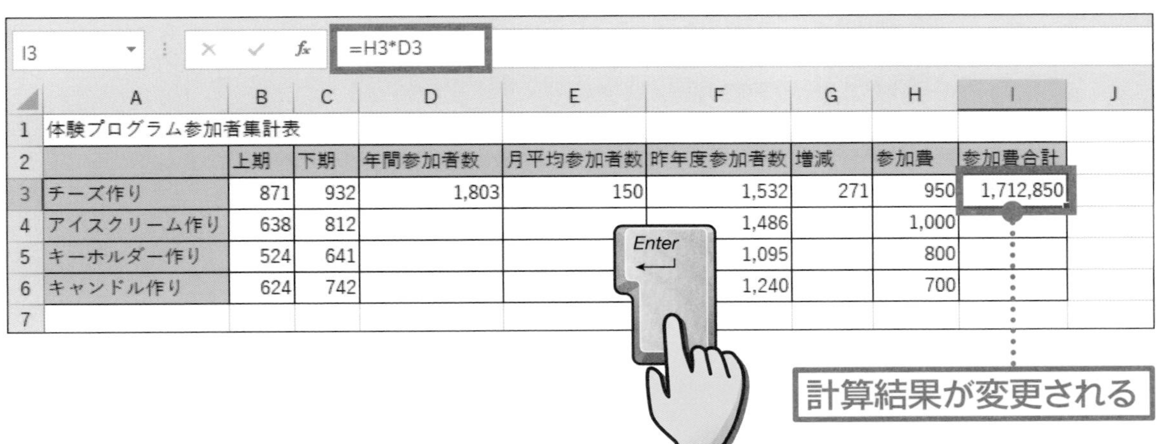

	A	B	C	D	E	F	G	H	I	J
1	体験プログラム参加者集計表									
2		上期	下期	年間参加者数	月平均参加者数	昨年度参加者数	増減	参加費	参加費合計	
3	チーズ作り	871	932	1,803	150	1,532	271	950	1,712,850	
4	アイスクリーム作り	638	812			1,486		1,000		
5	キーホルダー作り	524	641			1,095		800		
6	キャンドル作り	624	742			1,240		700		
7										

第2章 練習問題

1 セルに入力した数式は、画面のどこに表示されますか?

❶ 数式バー
❷ ステータスバー
❸ 名前ボックス

2 以下の表で、セル参照を使ってC1セルに足し算の数式を作成します。正しいのはどれですか?

	A	B	C	D
1	5	3		
2				

❶ =5+3
❷ =A1+B1
❸ =A+B

3 セル参照を利用した数式のもとのセルの数値を修正すると、計算結果はどうなりますか?

❶ 自動的に計算結果が変わる
❷ 計算結果は変わらない

3

第3章

関数を使ってみよう

この章で学ぶこと

- 関数とは何か知っていますか?
- 合計を求められますか?
- 平均を求められますか?
- セルの個数を求められますか?
- 最大値を求められますか?

この章でやること
関数

エクセルの関数を使うと、複雑な計算をかんたんに行えます。
最初に、関数の基本を学習しましょう。

 関数って何?

合計や平均などのよく使う計算は、
事前にエクセルに関数として用意されています。
たとえば、足し算でたくさんのセルの合計を求めるのは大変ですが、
SUMという関数を使えば、かんたんに合計が計算できます。

●足し算で合計した場合

	A	B	C
1	10		
2	3		
3	120		
4	57		
5	=A1+A2+A3+A4		
6			

=A1+A2+A3+A4

●SUM関数で合計した場合

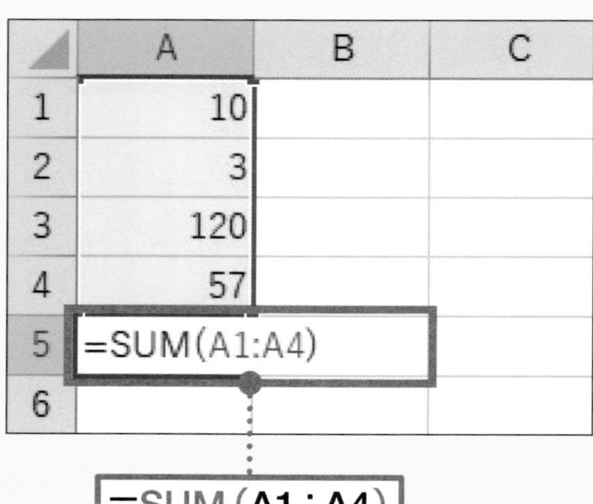

関数を入力するには?

関数を入力するときは、数式と同様に先頭に「=」を入力します。
続いて、エクセルで決められている**関数名**を入力します。
最後に、関数名に続く「()」の中に、計算する内容(**引数**)を指定します。

● イコール

関数の先頭には、「=」(イコール)をつけます。

● 関数名

関数の名前です。利用する関数の名前を入力します。
合計を計算する関数の名前は**SUM(サム)**です。

● 引数

「ひきすう」と読みます。関数で計算する内容です。
合計の場合は、合計を求めたい**セル**を指定します。
この例では「A1セルからA4セルまで」という意味になります。

この章で使う表を作成しよう

この章では「支店別集計表」を使って、関数の数式を作成します。
支店別集計表は、以下の手順で作成します。

この章で使う表

この章で使う「支店別集計表」をいちから作ってみましょう。

	A	B	C	D	E	F	G	H
1	支店別契約者数				支店数			
2								
3		第1四半期	第2四半期	第3四半期	第4四半期	合計		
4	東京本店	1,013	1,018	1,022	1,031			
5	駅前支店	978	981	980	994			
6	空港支店	969	976	982	997			
7	港支店	991	987	998	1,002			
8	計算結果							
9								
10								

❶ 文字と数値を入力する
❷ 数値に3桁ごとの「,」(カンマ)をつける
❸ 見出しのセルに色をつける
❹ 表全体に格子の罫線を引く
❺ ファイルに名前をつけて保存する

表の作り方

❶ 以下のように、文字と数値を入力します。

	A	B	C	D	E	F	G	H
1	支店別契約者数				支店数			
2								
3		第1四半期	第2四半期	第3四半期	第4四半期	合計		
4	東京本店	1013	1018	1022	1031			
5	駅前支店	978	981	980	994			
6	空港支店	969	976	982	997			
7	港支店	991	987	998	1002			
8	計算結果							

❷ B4セルからF8セルに［桁区切りスタイル］を設定して「,」（カンマ）をつけます。

	A	B	C	D	E	F	G	H
1	支店別契約者数				支店数			
2								
3		第1四半期	第2四半期	第3四半期	第4四半期	合計		
4	東京本店	1,013	1,018	1,022	1,031			
5	駅前支店	978	981	980	994			
6	空港支店	969	976	982	997			
7	港支店	991	987	998	1,002			
8	計算結果							

❸ E1セルとA8セルと3行目の見出しに［塗りつぶしの色］を設定します。

❹ 表全体に［罫線］から「格子」の罫線を引きます。

	A	B	C	D	E	F	G	H
1	支店別契約者数				支店数			
2								
3		第1四半期	第2四半期	第3四半期	第4四半期	合計		
4	東京本店	1,013	1,018	1,022	1,031			
5	駅前支店	978	981	980	994			
6	空港支店	969	976	982	997			
7	港支店	991	987	998	1,002			
8	計算結果							

❺「支店別集計表」と名前をつけて保存します。

関数を使って合計を求めよう

合計を計算するときは、SUM（サム）関数を使います。
ここでは、「第1四半期」の契約者数の合計を計算します。

操作

1 計算結果を表示するセルを選択します

	A	B	C	D	E
1	支店別契約者数				支店数
2					
3		第1四半期	第2四半期	第3四半期	第4四半其
4	東京本店	1,013	1,018	1,022	1,
5	駅前支店	978	981	980	
6	空港支店	969		982	
7	港支店	991		998	1,
8	計算結果				
9					

左クリック

B8セルを

ポイント！

ここでは、B列の「第1四半期」の契約者数の合計をB8セルに表示します。

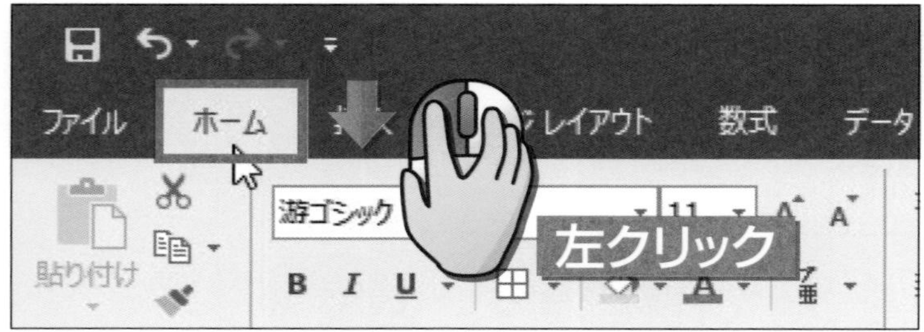

ホーム を

2 SUM関数を入力します

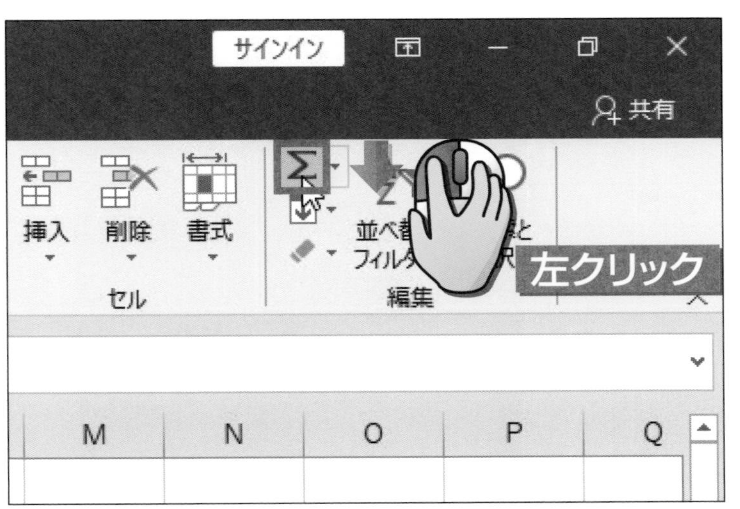

を

Σの右側の▾を左クリックしないように注意しよう！

3 SUM関数が入力できました

	A	B	C	D
1	支店別契約者数			
2				
3		第1四半期	第2四半期	第3四半期
4	東京本店	1,013	1,018	1,022
5	駅前支店	978	981	980
6	空港支店	969	976	982
7	港支店	991	987	998
8	計算結果	=SUM(B4:B7)		
9		SUM(数値1, [数値2], ...)		
10				

SUM（サム）関数が自動で入力されました。

ポイント！

左の画面では、B4セルからB7セルが点滅する罫線で囲まれています。これは、B4セルからB7セルが合計される範囲であることを意味しています。

4 Enter キーを押します

	A	B	C	D	E
1	支店別契約者数				支
2					
3		第1四半期	第2四半期	第3四半期	第4
4	東京本店	1,013	1,018	1,022	
5	駅前支店	978	981	980	
6	空港支店	969	976	982	
7	港支店	991	987	998	
8	計算結果	=SUM(B4:B7)			
9		SUM(数値1, [数値2],			
10					

B8セルに
「＝SUM（B4：B7）」と
表示されていることを
確認し、

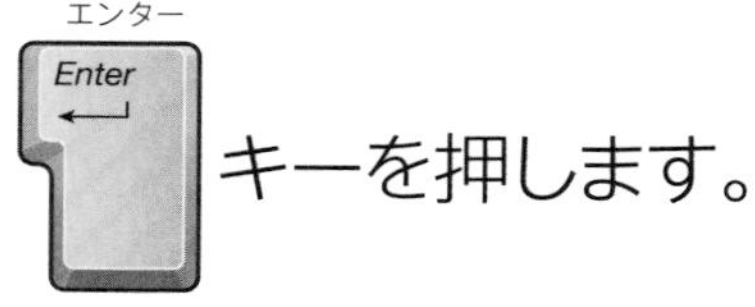

キーを押します。

5 「第1四半期」の合計が計算できました

	A	B	C	D	E
1	支店別契約者数				支
2					
3		第1四半期	第2四半期	第3四半期	第4
4	東京本店	1,013	1,018	1,022	
5	駅前支店	978	981	980	
6	空港支店	969	976	982	
7	港支店	991	987	998	
8	計算結果	3,951			
9					
10					

B8セルに、
B4セルからB7セル
までの合計「3,951」が
表示されました。

B8セルに
カーソルを移動して、

左クリックします。

6 数式バーに数式が表示されます

	A	B	C	D	
1	支店別契約者数				支
2					
3		第1四半期	第2四半期	第3四半期	第4
4	東京本店	1,013	1,018	1,022	
5	駅前支店	978	981	980	
6	空港支店	969	976	982	
7	港支店	991	987	998	
8	計算結果	3,951			
9					
10					

B8　=SUM(B4:B7)

数式バーに
SUM関数の数式が
表示されます。

コラム　SUM関数とは

SUM関数は、**セル範囲の合計**を求める関数です。
( ) の中に、合計する範囲を指定します。
ここでは、「B4セルからB7セルまでの合計を求めなさい」
という意味です。

= SUM (B4 : B7)

イコール　関数名　引数

関数を使って横方向の合計を求めよう

SUM（サム）関数は、横方向の合計も計算できます。
ここでは、F4セルに横方向の合計を計算します。

1 計算結果を表示するセルを選択します

B	C	D	E	F
			支店数	
四半期	第2四半期	第3四半期	第4四半期	合計
1,013	1,018	1,022	1,031	
978	981	980	994	
969	976		997	
991	987	998	02	
3,951				

左クリック

F4セルを

ポイント！

ここでは、B4セルからE4セルまでの東京本店の契約者数の合計を計算します。

ホーム を

2 SUM関数を入力します

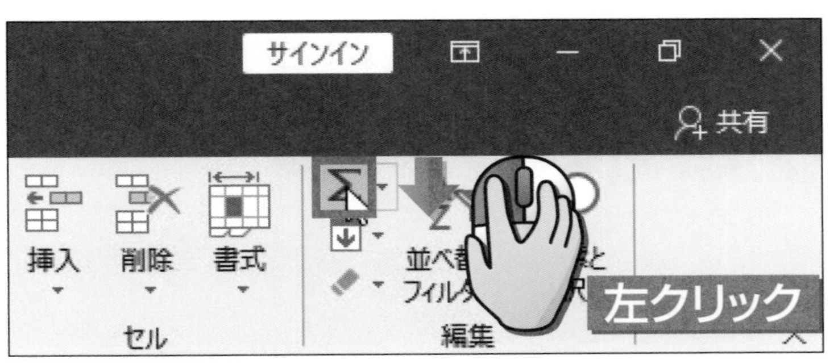

合計
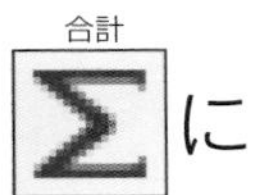に

カーソル
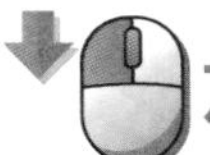を移動して、

左クリックします。

	A	B	C	D	E	F
1	支店別契約者数				支店数	
2						
3		第1四半期	第2四半期	第3四半期	第4四半期	合計
4	東京本店	1,013	1,018	1,022	1,031	=SUM(B4:E4)
5	駅前支店	978	981	980	994	
6	空港支店	969	976	982	997	
7	港支店	991	987	998	1,002	
8	計算結果	3,951				
9						
10						
11						
12						

F4セルに
「=SUM(B4:E4)と
表示されていることを
確認し、

エンター

キーを押します。

	A	B	C	D	E	F
1	支店別契約者数				支店数	
2						
3		第1四半期	第2四半期	第3四半期	第4四半期	合計
4	東京本店	1,013	1,018	1,022	1,031	4,084
5	駅前支店	978	981	980	994	
6	空港支店	969	976	982	997	
7	港支店	991	987	998	1,002	
8	計算結果	3,951				
9						
10						
11						
12						

東京本店の合計が
計算できました。

関数を使って平均を求めよう

平均を求めるときは、AVERAGE（アベレージ）関数を使います。
ここでは、「第2四半期」の契約者数の平均を計算します。

1 計算結果を表示するセルを選択します

	A	B	C	D	E
1	支店別契約者数				支店数
2					
3		第1四半期	第2四半期	第3四半期	第4四半期
4	東	1,013	1,018	1,022	1,
5	駅	978	981	980	
6	空港		976	982	
7	港支店	991	987	998	1,
8	計算結果	3,951			
9					

左クリック

C8セルを

ポイント!

ここでは、C列の「第2四半期」の契約者数の平均をC8セルに表示します。

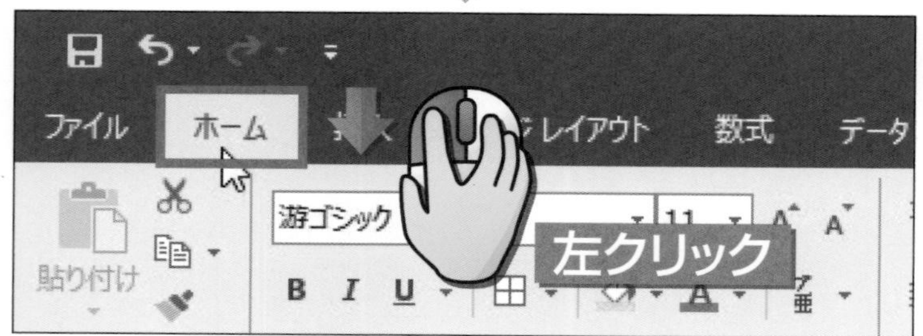

ホーム を

左クリックします。

2 AVERAGE関数を入力します その1

の右側のに

を移動して、左クリックします。

3 AVERAGE関数を入力します その2

メニューが表示されたら、

平均(A) を

左クリックします。

4 AVERAGE関数が入力できました

	A	B	C	D	
1	支店別契約者数				支
2					
3		第1四半期	第2四半期	第3四半期	第4
4	東京本店	1,013	1,018	1,022	
5	駅前支店	978	981	980	
6	空港支店	969	976	982	
7	港支店	991	987	998	
8	計算結果	3,951	=AVERAGE(C4:C7)		
9			AVERAGE(数値1, [数値2], ...)		
10					

平均を計算する AVERAGE（アベレージ）関数が入力されました。

ポイント！

左の画面では、C4セルからC7セルが点滅する罫線で囲まれています。これは、C4セルからC7セルが平均される範囲であることを意味します。

5 Enter キーを押します

	A	B	C	D	
1	支店別契約者数				支
2					
3		第1四半期	第2四半期	第3四半期	第4
4	東京本店	1,013	1,018	1,022	
5	駅前支店	978	981	980	
6	空港支店	969	976	982	
7	港支店	991	987	998	
8	計算結果	3,951	=AVERAGE(C4:C7)		
9			AVERAGE(数値1, [数値2], ...)		
10					

C8セルに「＝AVERAGE（C4：C7）」と表示されていることを確認し、

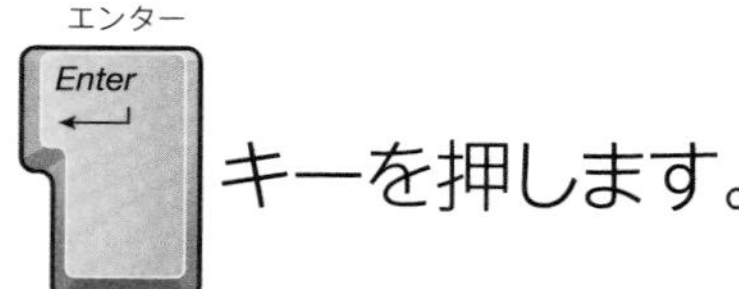

キーを押します。

6 「第2四半期」の平均が計算できました

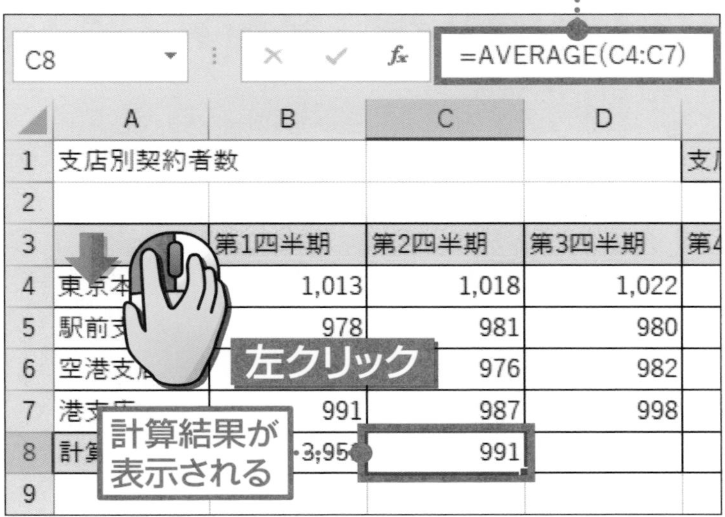

C8セルに、
C4セルからC7セルまでの平均が
表示されました。

C8セルを

数式バーに、
AVERAGE関数の数式が表示されます。

コラム AVERAGE関数とは

AVERAGE関数は、**セル範囲の平均**を求める関数です。
( )の中に、平均する範囲を指定します。
ここでは、
「C4セルからC7セルまでの平均を求めなさい」という意味です。

= AVERAGE (C4 : C7)

- = … イコール
- AVERAGE … 関数名
- C4 : C7 … 引数

関数を使って セルの個数を求めよう

数値が入ったセルの個数を求めるときは、COUNT（カウント）関数を使います。ここでは、支店の店舗数を計算します。

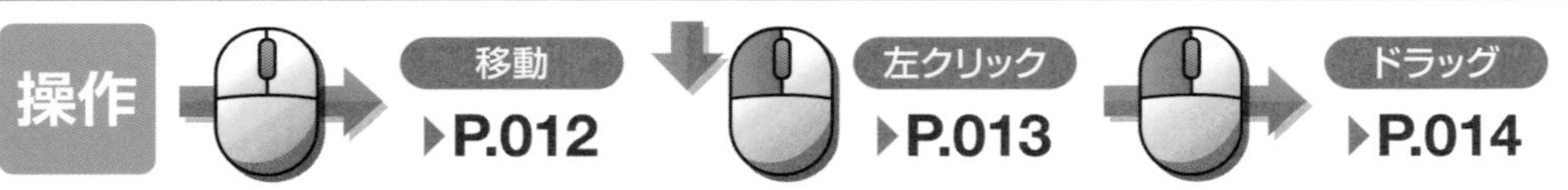

1 計算結果を表示するセルを選択します

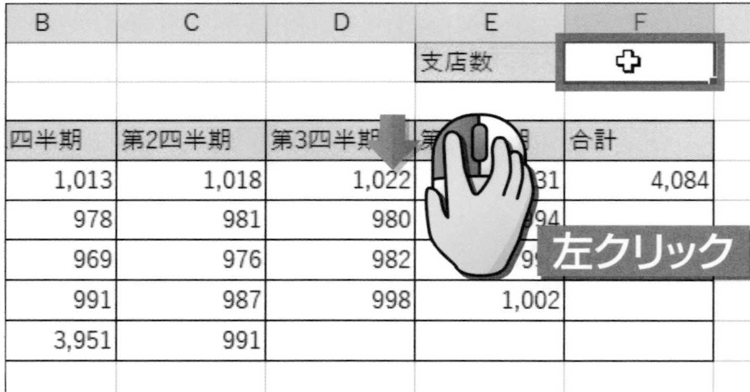

四半期	第2四半期	第3四半期	第 期	合計
1,013	1,018	1,022	31	4,084
978	981	980	994	
969	976	982	99	
991	987	998	1,002	
3,951	991			

F1セルを左クリックします。

ポイント！

ここでは、B列の数値のセルの個数を数えて、F1セルに支店の店舗数を表示します。

ホーム を左クリックします。

2 COUNT関数を入力します その1

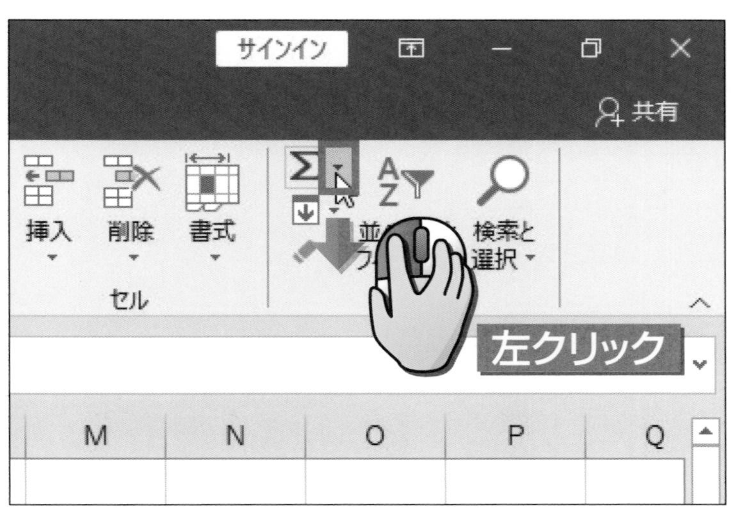

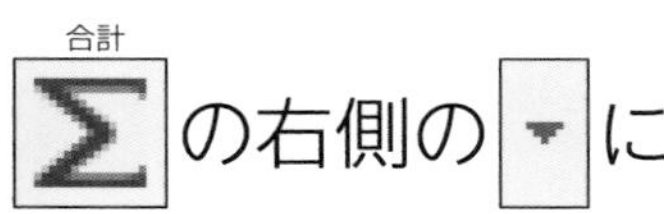

合計の右側のに

カーソルを移動して、

左クリックします。

3 COUNT関数を入力します その2

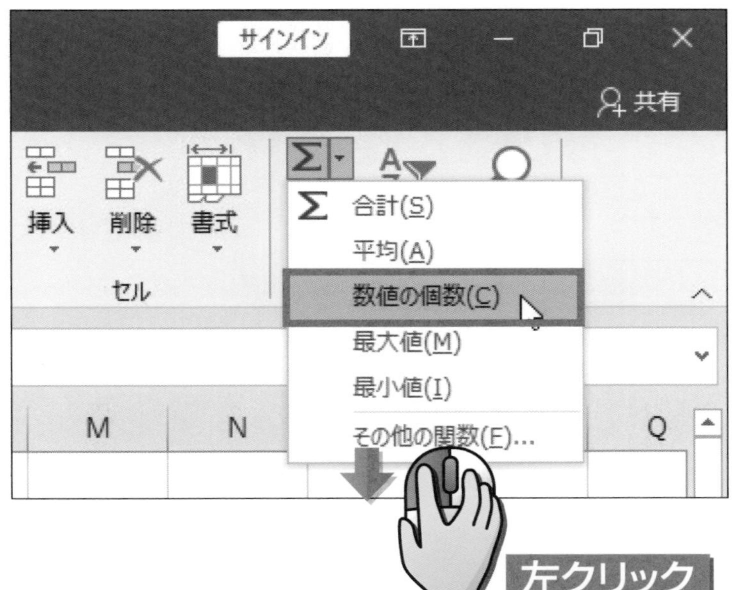

メニューが表示されたら、

数値の個数(C) を

左クリックします。

4 数値のセルをドラッグします

	A	B	C	D	E	F	G
1	支店別契約者数				支店数	=COUNT(B4:B7)	
2						COUNT(値1, [値2], ...)	
3		第1四半期	第2四半期	第3四半期	第4四半期	合計	
4	東京本店	1,013	1,018	1,022	1,031	4,084	
5	駅前支店	978	981	980	994		
6	空港支店	969	976	982	997		
7	港支店	991	987	998	1,002		
8	計算結果	3,951	4R x 1C 991				
9							
10							

COUNT関数が入力されました。

B4セルからB7セルを

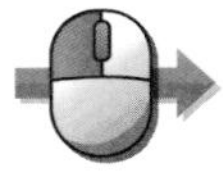 ドラッグします。

ポイント!

COUNT関数は数値が入力されたセルを数える関数です。

5 Enter キーを押します

C	D	E	F	G
		支店数	=COUNT(B4:B7)	
			COUNT(値1, [値2], ...)	
四半期	第3四半期	第4四半期	合計	
1,018	1,022	1,031	4,08	
981	980	994		
976	982	997		
987	998	1,002		
991				

F1セルに「＝COUNT（B4：B7）」と表示されていることを確認し、

エンター

 キーを押します。

6 「支店」の数が求められました

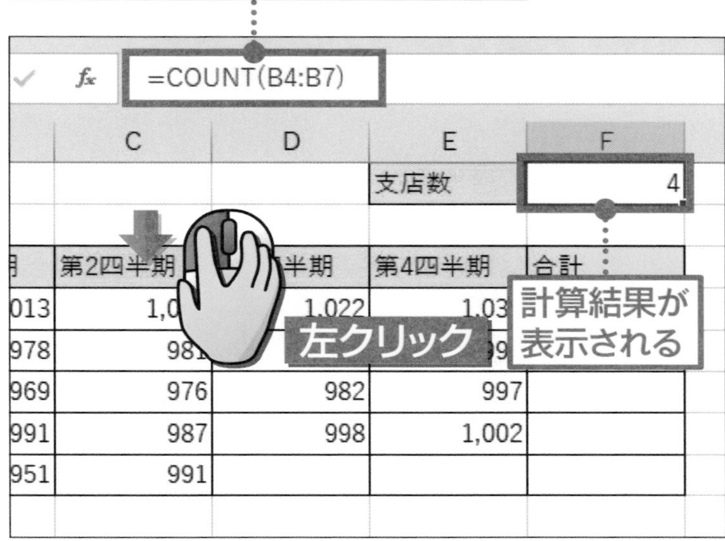

F1セルに、
B4セルからB7セルまでの数値が入力されたセルの個数「4」が表示されました。

F1セルを

数式バーに、
COUNT関数の
数式が表示されます。

コラム COUNT関数とは

COUNT関数は、**数値の入ったセルがいくつあるか**を数える関数です。( )の中に、セルの数を数える範囲を指定します。
ここでは、「B4セルからB7セルの中で数値の入ったセルの数を数えなさい」という意味です。

= COUNT (B4 : B7)

イコール　関数名　引数

関数を使って最大値を求めよう

指定した範囲の中で一番大きな数値を求めるには、MAX（マックス）関数を使います。ここでは、「第3四半期」の最大値を計算します。

1 計算結果を表示するセルを選択します

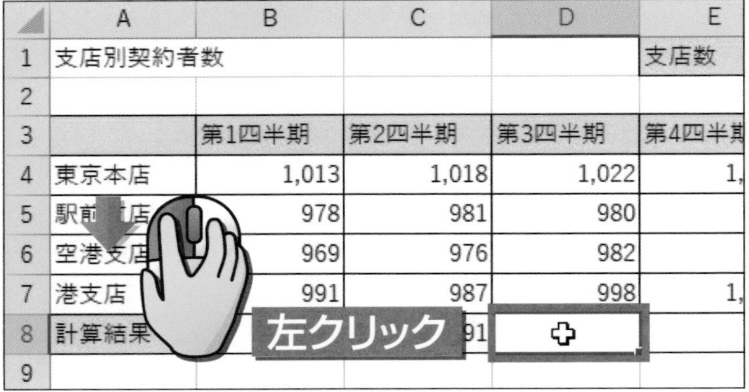

	A	B	C	D	E
1	支店別契約者数				支店数
2					
3		第1四半期	第2四半期	第3四半期	第4四半其
4	東京本店	1,013	1,018	1,022	1,
5	駅前 店	978	981	980	
6	空港支店	969	976	982	
7	港支店	991	987	998	1,
8	計算結果		91		
9					

D8セルを

左クリックします。

ポイント！

ここでは、D列の「第3四半期」の契約者の最大値をD8セルに表示します。

ホーム を

左クリックします。

2 MAX関数を入力します その1

の右側の に

カーソル を移動して、

左クリックします。

3 MAX関数を入力します その2

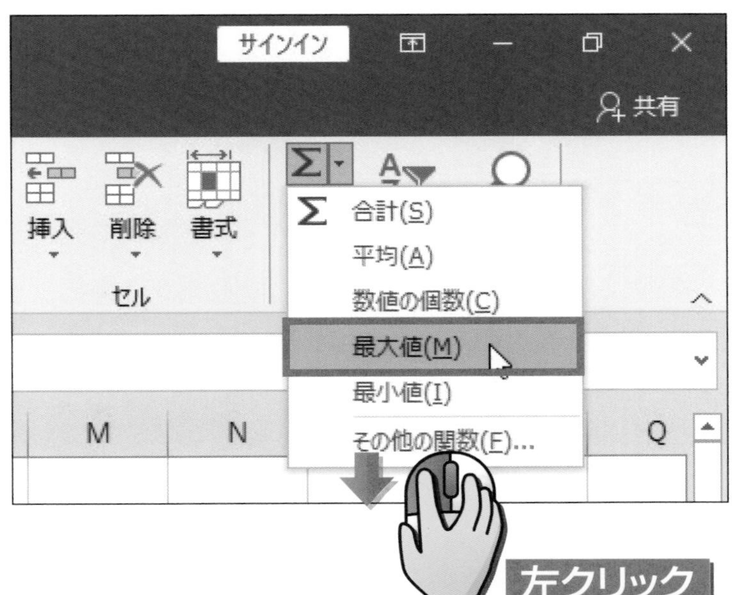

メニューが表示されたら、

最大値(M) を

左クリックします。

4 MAX関数が入力できました

	A	B	C	D	
1	支店別契約者数				支
2					
3		第1四半期	第2四半期	第3四半期	第4
4	東京本店	1,013	1,018	1,022	
5	駅前支店	978	981	980	
6	空港支店	969	976	982	
7	港支店	991	987	998	
8	計算結果	3,951	991	=MAX(D4:D7)	
9				MAX(数値1, [数	
10					

MAX（マックス）関数が入力されました。

ポイント!

左の画面では、D4セルからD7セルが点滅する罫線で囲まれています。これは、D4セルからD7セルの中から最大値を求めることを意味します。

5 Enter キーを押します

	A	B	C	D	
1	支店別契約者数				支
2					
3		第1四半期	第2四半期	第3四半期	第4
4	東京本店	1,013	1,018	1,022	
5	駅前支店	978	981	980	
6	空港支店	969	976	982	
7	港支店	991	987	998	
8	計算結果	3,951	991	=MAX(D4:D7)	
9				MAX(数値1, [数	
10					

D8セルに「＝MAX（D4：D7）」と表示されていることを確認し、

キーを押します。

6 「第3四半期」の最大値が求められました

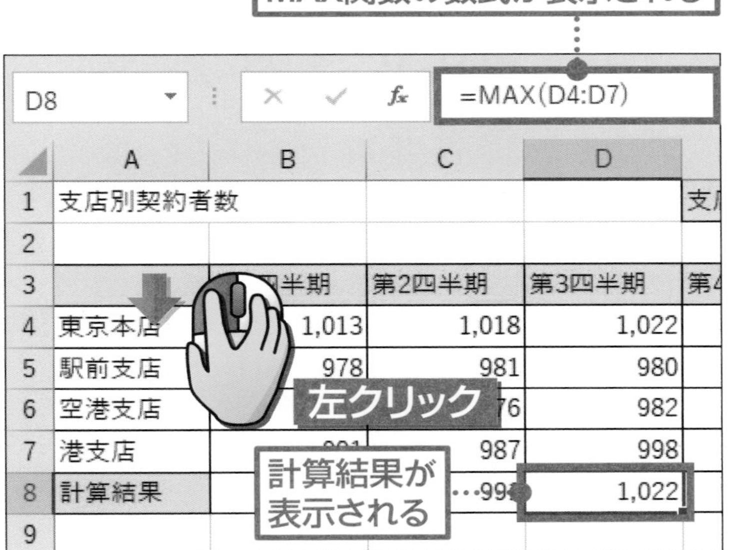

D8セルに、D4セルからD7セルまでの最大値（ここでは「1,022」）が表示されました。

D8セルを

数式バーに、MAX関数の数式が表示されます。

コラム MAX関数とは

MAX関数は、一番大きな数値を求める関数です。
( ) の中には、最大値を求めたい範囲を指定します。
ここでは、「D4セルからD7セルの中で最大値を求めなさい」という意味です。

イコール　関数名　引数

第❸章　練習問題

1　合計を求めるときに使うボタンはどれですか?

❶ Σ　❷ ,　❸ 

2　関数のカッコの中に指定する内容を何と呼びますか?

❶ 書式
❷ 引数
❸ イコール

3　最大値を求める関数の名前はどれですか?

❶ AVERAGE
❷ MAX
❸ MIN

4

第4章
関数をコピーしよう

この章で学ぶこと

- 関数をコピーする利点を知っていますか?
- 関数をボタンでコピーできますか?
- 関数をドラッグ操作でコピーできますか?
- コピーした関数を確認できますか?
- 相対参照とは何か知っていますか?

この章でやること 関数のコピー

すべてのセルに関数を1つずつ入力するのは大変です。
この章では、関数をコピーして再利用する方法を学習しましょう。

関数をコピーすると何が便利?

セルに入力した関数は、自由にコピーできます。
関数をコピーすると、関数を手入力する手間が省けて便利です。

	A	B	C	D
1	会員登録者数			
2	地区	上期	下期	合計
3	北海道	1,351	1,253	2,604
4	東北	1,251	1,385	
5	大阪	1,052	1,452	
6	広島	1,352	1,684	
7	沖縄	950	1,240	
8	合計	5,956		
9				
10				

北海道以外の合計を求めたい

ここに入力した関数を…

	A	B	C	D
1	会員登録者数			
2	地区	上期	下期	合計
3	北海道	1,351	1,253	2,604
4	東北	1,251	1,385	2,636
5	大阪	1,052	1,452	2,504
6	広島	1,352	1,684	3,036
7	沖縄	950	1,240	2,190
8	合計	5,956		
9				
10				

コピーして合計を求めた

 関数をコピーするには?

関数をコピーするには、
「ホーム」タブの「コピー」ボタンを使う方法と、
マウスで■（フィルハンドル）をドラッグする方法があります。

●「コピー」ボタンを使う方法

コピー元のセルを選択して 

を  左クリックします。

コピー先のセルを選択して 

を  左クリックします。

● マウスで ■（フィルハンドル）をドラッグする方法

	A	B	C	D	E
1	会員登録者数				
2	地区	上期	下期	合計	
3	北海道	1,351	1,253	2,604	
4	東北	1,251	1,385		
7	沖縄	950	1,240		
8	合計	5,956			
9					

関数を入力したセルの右下に■が表示される

関数を入力したセルの右下に表示される■（フィルハンドル）にカーソル✚を移動します。

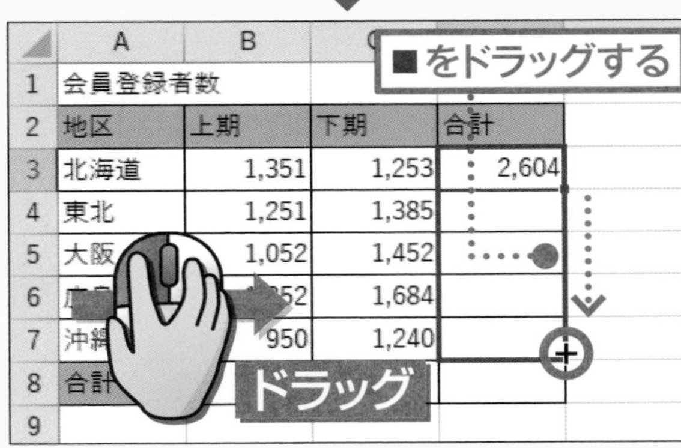

	A	B	C	D
1	会員登録者数			
2	地区	上期	下期	合計
3	北海道	1,351	1,253	2,604
4	東北	1,251	1,385	
5	大阪	1,052	1,452	
6		52	1,684	
7	沖縄	950	1,240	
8	合計			
9				

カーソル✚の形状が＋に変わったら、■（フィルハンドル）を 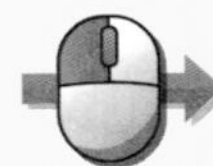 ドラッグします。

この章で使う表を作成しよう

この章では「会員登録者数」を使って、数式をコピーする操作を解説します。
会員登録者数は、以下の手順で作成します。

この章で使う表

この章で使う「会員登録者数」をいちから作ってみましょう。

	A	B	C	D	E	F
1	会員登録者数					
2	地区	上期	下期	合計		
3	北海道	1,351	1,253			
4	東北	1,251	1,385			
5	大阪	1,052	1,452			
6	広島	1,352	1,684			
7	沖縄	950	1,240			
8	合計					
9						
10						

❶ 文字と数値を入力する
❷ 数値に3桁ごとの「,」(カンマ)をつける
❸ 見出しのセルに色をつける
❹ 表全体に格子の罫線を引く
❺ ファイルに名前をつけて保存する

上の表をよく見て、エクセルで同じ表を作成しておきましょう!

表の作り方

	A	B	C	D	E
1	会員登録者数				
2	地区	上期	下期	合計	
3	北海道	1351	1253		
4	東北	1251	1385		
5	大阪	1052	1452		
6	広島	1352	1684		
7	沖縄	950	1240		
8	合計				
9					

❶ 左のように、
文字と数値を
入力します。

	A	B	C	D	E
1	会員登録者数				
2	地区	上期	下期	合計	
3	北海道	1,351	1,253		
4	東北	1,251	1,385		
5	大阪	1,052	1,452		
6	広島	1,352	1,684		
7	沖縄	950	1,240		
8	合計				
9					

❷ B3セルからD8セルに
桁区切りスタイル
 を設定して
「,」（カンマ）をつけます。

	A	B	C	D	E
1	会員登録者数				
2	地区	上期	下期	合計	
3	北海道	1,351	1,253		
4	東北	1,251	1,385		
5	大阪	1,052	1,452		
6	広島	1,352	1,684		
7	沖縄	950	1,240		
8	合計				
9					

❸ A8セルと
2行目の見出しに
塗りつぶしの色
 を設定します。

❹ 表全体に
罫線
から「格子」の
罫線を引きます。

❺「会員登録者数」と
名前をつけて保存します。

関数を隣のセルにコピーしよう

「コピー」ボタンと「貼り付け」ボタンを使って、数式をコピーします。
「上期」の合計のセルに入力したSUM関数を「下期」のセルにコピーします。

1 計算結果を表示するセルを選択します

	A	B	C	D	E	F
1	会員登録者数					
2	地区	上期	下期	合計		
3	北海道	1,351	1,253			
4	東北	1,251	1,385			
5	大阪	1,052	1,452			
6	広島	1,352	[illegible]			
7	沖縄	950	1,240			
8	合計					
9						

左クリック

B8セルを

左クリックします。

ポイント!

ここでは、B列の「上期」の合計をB8セルに表示します。

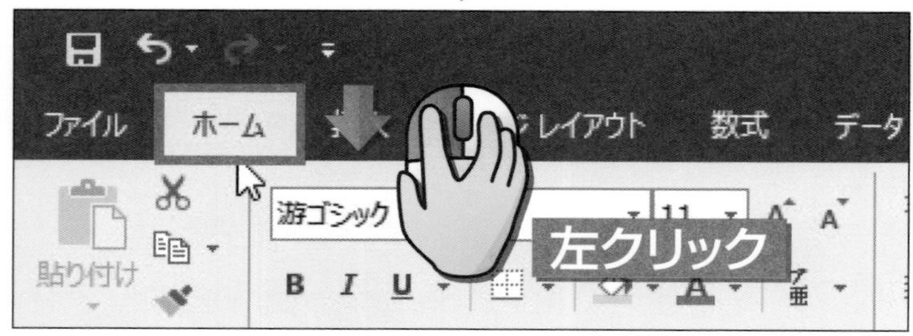

ホーム を

左クリックします。

2 SUM関数を入力します

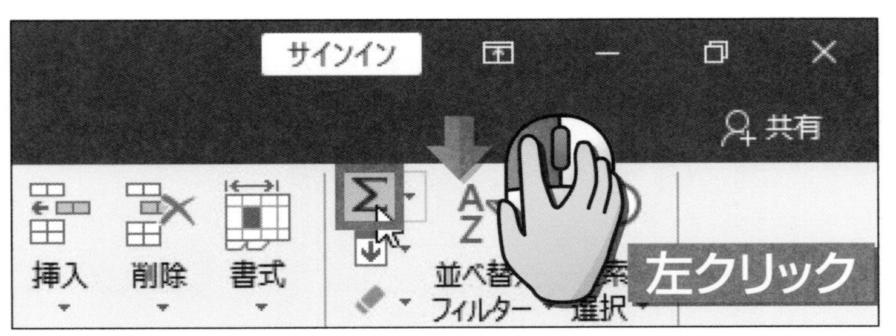

を

左クリックします。

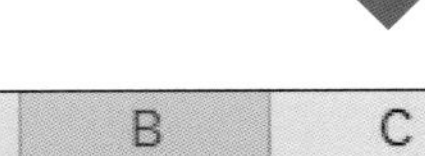

	A	B	C	D	E
1	会員登録者数				
2	地区	上期	下期	合計	
3	北海道	1,351	1,253		
4	東北	1,251	1,385		
5	大阪	1,052	1,45		
6	広島	1,352	1,68		
7	沖縄	950	1,240		
8	合計	=SUM(B3:B7)			
9		SUM(数値1, [数値2], ...)			
10					

B8セルに
「＝SUM（B3：B7）」と
表示されていることを
確認し、

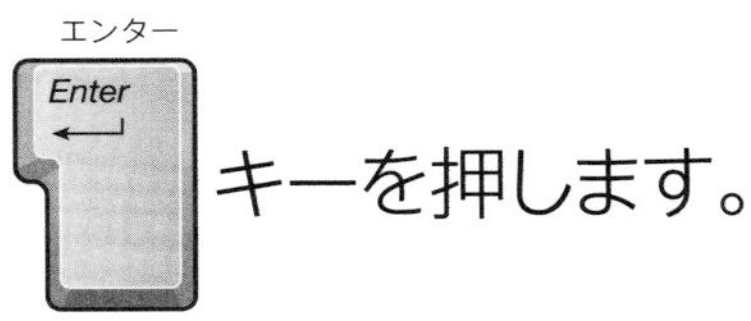

キーを押します。

	A	B	C	D	E
1	会員登録者数				
2	地区	上期	下期	合計	
3	北海道	1,351	1,253		
4	東北	1,251	1,385		
5	大阪	1,052	1,452		
6	広島	1,352	1,684		
7	沖縄	950	1,240		
8	合計	5,956			
9					
10					

B8セルに、
B3セルからB7セル
までの合計が
表示されました。

次へ

3 コピー元のセルを選択します

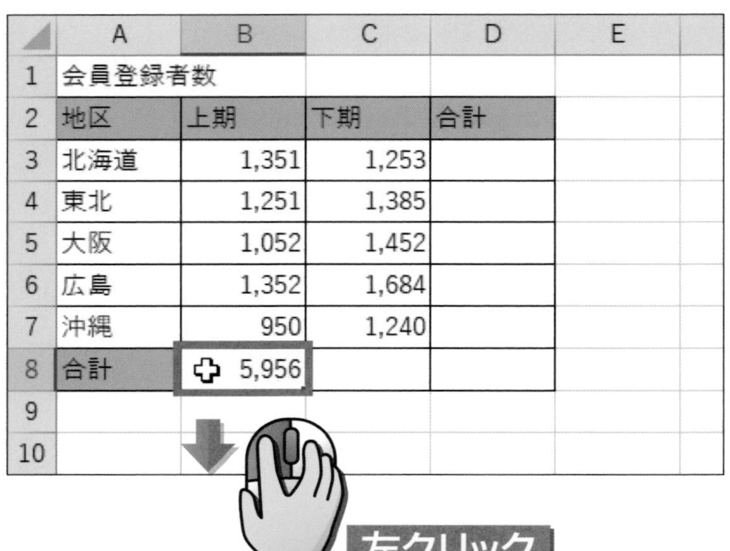

	A	B	C	D	E
1	会員登録者数				
2	地区	上期	下期	合計	
3	北海道	1,351	1,253		
4	東北	1,251	1,385		
5	大阪	1,052	1,452		
6	広島	1,352	1,684		
7	沖縄	950	1,240		
8	合計	5,956			
9					
10					

B8セルを

左クリックします。

B8セルに入力されたSUM関数をC8セルにコピーするよ！

4 数式をコピーします

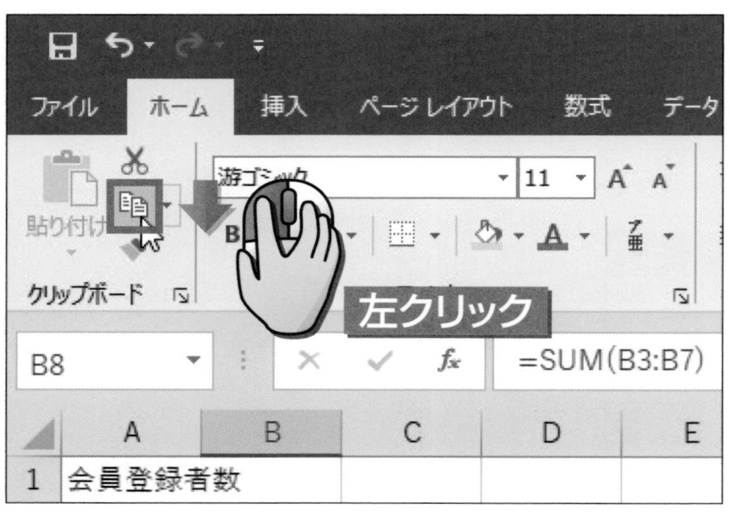

(コピー)に

(カーソル)を移動して、

左クリックします。

5 数式をコピーできました

	A	B	C	D	E
1	会員登録者数				
2	地区	上期	下期	合計	
3	北海道	1,351	1,253		
4	東北	1,251	1,385		
5	大阪	1,052	1,452		
6	広島	1,352	1,684		
7	沖縄	950	1,240		
8	合計	5,956			
9					
10					

左クリック

コピー元のB8セルが点滅します。

コピー先のC8セルを

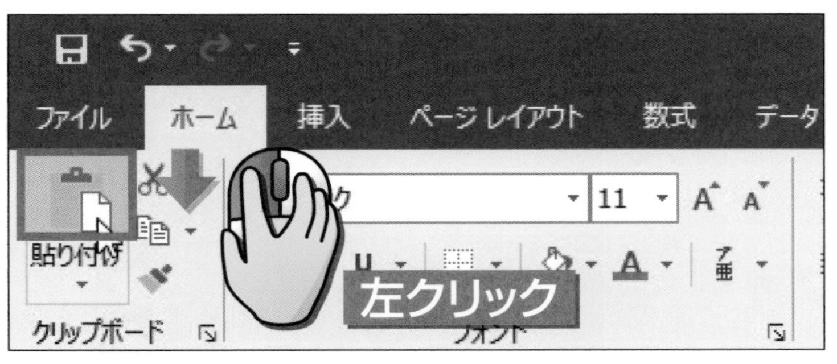

を

	A	B	C	D	E
1	会員登録者数				
2	地区	上期	下期	合計	
3	北海道	1,351	1,253		
4	東北	1,251	1,385		
5	大阪	1,052	1,452		
6	広島	1,352	1,684		
7	沖縄	950	1,240		
8	合計	5,956	7,014		
9				(Ctrl)	
10					

B8セルのSUM関数を
C8セルに
コピーできました。

C8セルに、
C3セルからC7セル
までの合計「7,014」が
表示されます。

関数を縦方向にコピーしよう

マウスのドラッグ操作で関数をコピーします。
北海道の合計のSUM関数を縦方向にコピーします。

操作

移動
▶P.012

左クリック
▶P.013
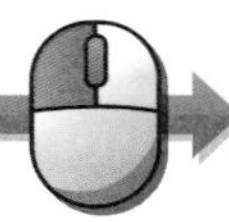
ドラッグ
▶P.014

1 計算結果を表示するセルを選択します

	A	B	C	D	E	F
1	会員登録者数					
2	地区	上期	下期	合計		
3	北海道	1,351	1,253			
4	東北	1,251	1,385			
5	大阪	1,052	1,452			
6	広島	1,352	[illegible]			
7	沖縄	950	1,240			
8	合計	5,956	7,014			
9						

左クリック

D3セルを

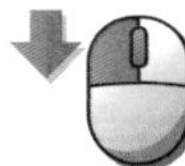
左クリックします。

ポイント!

ここでは、各地区の上期と下期の合計をD3セルからD8セルに表示します。

ホーム を

左クリックします。

2 SUM関数を入力します

合計

を

左クリックします。

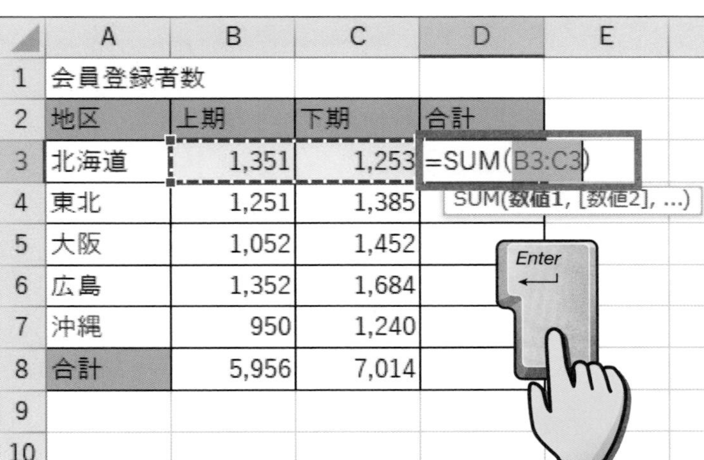

	A	B	C	D	E
1	会員登録者数				
2	地区	上期	下期	合計	
3	北海道	1,351	1,253	=SUM(B3:C3)	
4	東北	1,251	1,385		
5	大阪	1,052	1,452		
6	広島	1,352	1,684		
7	沖縄	950	1,240		
8	合計	5,956	7,014		
9					
10					

D3セルに「＝SUM（B3：C3）」と表示されていることを確認し、

エンター

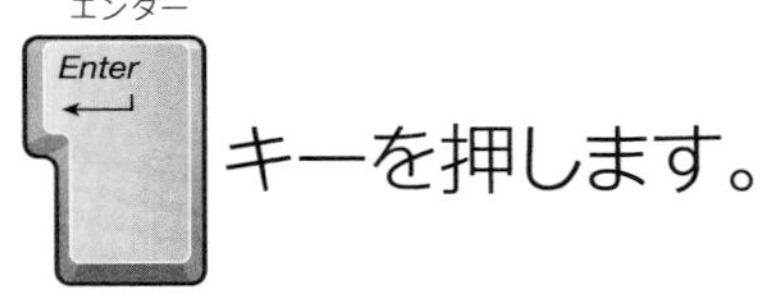

キーを押します。

	A	B	C	D	E
1	会員登録者数				
2	地区	上期	下期	合計	
3	北海道	1,351	1,253	2,604	
4	東北	1,251	1,385		
5	大阪	1,052	1,452		
6	広島	1,352	1,684		
7	沖縄	950	1,240		
8	合計	5,956	7,014		
9					
10					

D3セルに、B3セルからC3セルまでの合計「2,604」が表示されました。

3 コピー元のセルを選択します

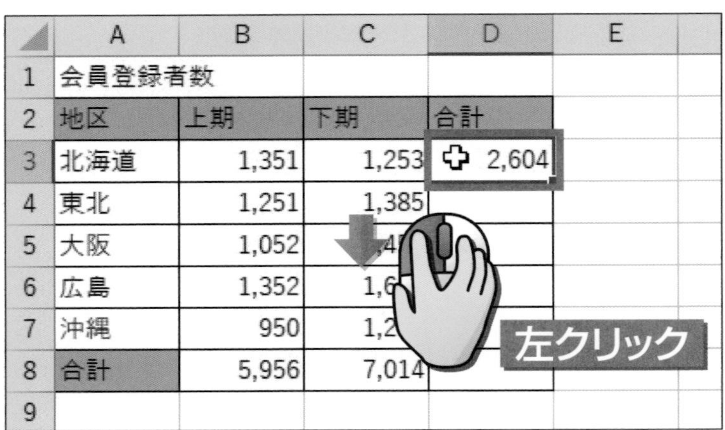

	A	B	C	D	E
1	会員登録者数				
2	地区	上期	下期	合計	
3	北海道	1,351	1,253	2,604	
4	東北	1,251	1,385		
5	大阪	1,052	1,45		
6	広島	1,352	1,6		
7	沖縄	950	1,2		
8	合計	5,956	7,014		
9					

D3セルを

左クリックします。

ポイント！

D3セルに入力されたSUM関数をD4セルからD8セルまでコピーします。

セルの右下の

■（フィルハンドル）に

カーソルを移動します。

カーソルの形状が＋に

変わります。

B	C	D
数		
上期	下期	合計
1,351	1,253	2,604
1,251	1,385	
1,052	1,452	

4 D8セルまでドラッグします

	A	B	C	D	E
1	会員登録者数				
2	地区	上期	下期	合計	
3	北海道	1,351	1,253	2,604	
4	東北	1,251	1,385		
5	大阪	1,052	1,452		
6	広島	1,352	1,684		
7	沖縄	950	1,240		
8	合計	5,956	7,014		
9					
10					

ドラッグ

そのまま、
D8セルまで縦方向に

ドラッグします。

5 関数をコピーできました

	A	B	C	D	E
1	会員登録者数				
2	地区	上期	下期	合計	
3	北海道	1,351	1,253	2,604	
4	東北	1,251	1,385	2,636	
5	大阪	1,052	1,452	2,504	
6	広島	1,352	1,684	3,036	
7	沖縄	950	1,240	2,190	
8	合計	5,956	7,014	12,970	
9					
10					

合計のSUM関数がコピーされた

D3セルのSUM関数が
D8セルまで
コピーできました。

それぞれの行の合計が
表示されます。

ドラッグしてコピーを行う
この操作を、エクセルでは
オートフィルと呼ぶよ！

コピーした関数を確認しよう

関数を縦方向にコピーすると、それぞれの行に合った計算結果が表示されます。前節でコピーしたセルを確認してみましょう。

操作 
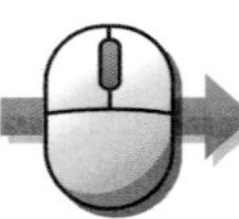 移動 ▶P.012
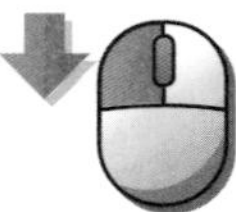 左クリック ▶P.013

1 コピー元のセルを選択します

	A	B	C	D	E
1	会員登録者数				
2	地区	上期	下期	合計	
3	北海道	1,35	1,253	2,604	
4	東北	1,	1,385	2,636	
5	大阪	1	1,452	2,504	
6	広島	1,3			

左クリック

D3セルに

カーソル を移動して、

左クリックします。

D3 =SUM(B3:C3)

	A	B	C	D	E
1	会員登録者数				
2	地区	上期	下期	合計	
3	北海道	1,351	1,253	2,604	
4	東北	1,251	1,385	2,636	
5	大阪	1,052	1,452	2,504	

数式バーに「＝SUM（B3：C3）」と表示されます。

ポイント！

これは、D3セルに入力された関数の式です。

2 コピー先のセルを選択します

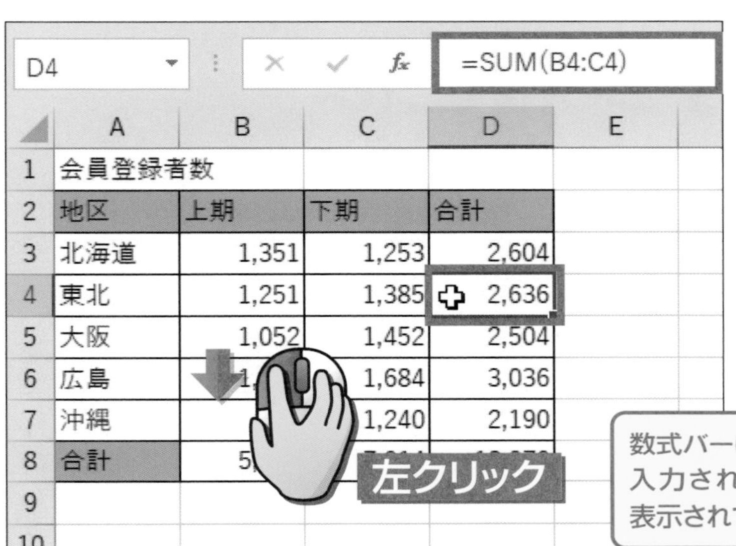

D4 | =SUM(B4:C4)

	A	B	C	D	E
1	会員登録者数				
2	地区	上期	下期	合計	
3	北海道	1,351	1,253	2,604	
4	東北	1,251	1,385	2,636	
5	大阪	1,052	1,452	2,504	
6	広島	[illegible]	1,684	3,036	
7	沖縄	[illegible]	1,240	2,190	
8	合計	[illegible]	[illegible]	[illegible]	
9					
10					

D4セルを

左クリックします。

数式バーに
「＝SUM（B4：C4）」と
表示されます。

数式バーには、セルに
入力された計算式が
表示されています。

3 数式バーで数式を確認します

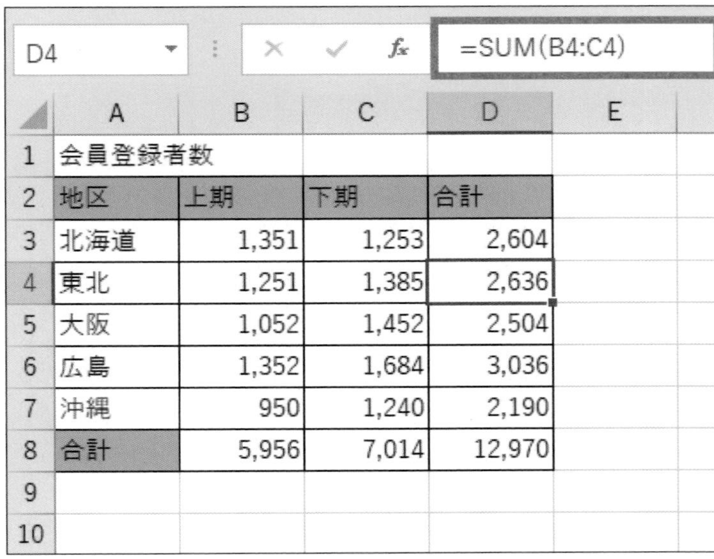

D4 | =SUM(B4:C4)

	A	B	C	D	E
1	会員登録者数				
2	地区	上期	下期	合計	
3	北海道	1,351	1,253	2,604	
4	東北	1,251	1,385	2,636	
5	大阪	1,052	1,452	2,504	
6	広島	1,352	1,684	3,036	
7	沖縄	950	1,240	2,190	
8	合計	5,956	7,014	12,970	
9					
10					

左ページの手順**1**の
画面と見比べます。

D3セルとD4セルでは、
行番号が1行分ずれて
いることがわかります。

ポイント！

同様に、D5セルからD8セルを
順に左クリックして、数式バー
で数式を確認してみましょう。

相対参照とは

前節では、関数をコピーすることによって、行番号が自動的にずれました。
このように計算に使うセルがずれることを相対参照と呼びます。

関数をコピーすると…

D3セルに入力した数式を縦方向にコピーすると、
それぞれの行の計算式は以下のような内容になります。
最初にD3セルに入力した数式「B3：C3」が
D4セルでは「B4：C4」に修正されています。

	A	B	C	D	数式
1	会員登録者数				
2	地区	上期	下期	合計	
3	北海道	1,351	1,253	2,604	＝SUM（B3：C3）
4	東北	1,251	1,385	2,636	＝SUM（B4：C4）
5	大阪	1,052	1,452	2,504	＝SUM（B5：C5）
6	広島	1,352	1,684	3,036	＝SUM（B6：C6）
7	沖縄	950	1,240	2,190	＝SUM（B7：C7）
8	合計	5,956	7,014	12,970	＝SUM（B8：C8）
9					

コピーした元の数式

コピー先の数式

 相対参照って何?

関数をコピーすると、計算に使うセルの内容が
1つずつずれてコピーされるため、自動で計算できるのです。

このように、コピー先のセルに合わせて、自動的に数式の行番号や
列番号が変化することを**相対参照**と呼びます。

● 行が1つずつずれてコピーされた（縦方向へのコピー）

	A	B	C
1	A1	B1	=A1+B1
2	A2	B2	=A2+B2
3	A3	B3	=A3+B3

コピー

● 列が1つずつずれてコピーされた（横方向へのコピー）

	A	B	C
1	A1	B1	C1
2	A2	B2	C2
3	=A1+A2	=B1+B2	=C1+C2

コピー

縦方向には1→2→3、横方向にはA→B→Cと1つずつずれてコピーされます！

第4章　練習問題

1

関数の入力されたセルをドラッグしてコピーするときに、カーソルの形はどうなってますか?

2

以下の表で、C1セルに「=SUM(A1:B1)」の関数が入力されています。この関数をC2セルにコピーすると、どのような数式が入力されますか?

	A	B	C	D
1	5	3	8	
2	10	7		
3				

❶ =SUM(B1:B2)
❷ =SUM(A1:A2)
❸ =SUM(A2:B2)

3

コピー先のセルに合わせて、数式の列番号や行番号が自動的にずれることを何と呼びますか?

❶ 相対参照
❷ 自動参照
❸ 絶対参照

5

第5章

関数を修正しよう

この章で学ぶこと

- 関数の引数を修正できることを知っていますか?
- 関数の入力中に引数を修正できますか?
- 関数の引数をあとから修正できますか?

この章でやること 関数の修正

関数の引数（ひきすう）を間違えると、正しく計算できません。
この章では、関数の引数の修正方法を学習しましょう。

 関数の引数を間違えると…

関数の引数が正しくないと、
計算結果が意図とは違うものになります。

	A	B	C
1	支店別契約者数		
2			
3		第１四半期	第２四半期
4	東京本店	1,013	1,018
5	駅前支店	978	981
6	空港支店	969	976
7	港支店	991	987
8	合計	3,951	3,962
9	平均	=AVERAGE(B4:B8)	
10		AVERAGE(数値1, [数値2], ...	
11			

AVERAGE関数の引数に、8行目の合計まで含めてしまうと…

	A	B	C	D
1	支店別契約者数			
2				
3		第１四半期	第２四半期	第３四半期
4	東京本店	1,013	1,018	1,(
5	駅前支店	978		
6	空港支店	969		
7	港支店	991	987	9
8	合計	3,951		
9	平均	1,580		
10				
11				

計算したい範囲

必要ない範囲

「東京本店」から「合計」までの平均が計算される。
これは意図通りの平均ではない

関数の引数を修正するには?

関数の引数が間違っていても、
いちから関数を入力し直す必要はありません。
関数の入力中でも、**関数の入力後**でも、引数を**修正**できます。

● 関数の入力中

	A	B	C	
1	支店別契約者数			
2				
3		第１四半期	第２四半期	第３
4	東京本店	1,013	1,018	
5	駅前支店	978	981	
6	空港支店	969	976	
7	港支店	991	987	
8	合計	3,951	3,962	
9	平均	=AVERAGE(B4:B8)		
10		AVERAGE(数値1, [数値2], ...)		

正しいセル範囲をドラッグし直して、引数を修正する

	A	B	C	
1	支店別契約者数			
2				
3		第１四半期	第２四半期	第３
4	東京本店	1,013	1,018	
5	駅前支店	978	981	
6	空港支店	969	976	
7	港支店	991	987	
8	合計	3,951	4R x 1C 3,962	
9	平均	=AVERAGE(B4:B7)		
10		AVERAGE(数値1, [数値2], ...)		

● 関数の入力後

B9 | =AVERAGE(B4:B8)

	A	B	C	D	
1	支店別契約者数				
2					
3		第１四半期	第２四半期	第３四半期	第
4	東京本店	1,013	1,018	1,022	
5	駅前支店	978	981	980	
6	空港支店	969	976	982	
7	港支店	991	987	998	
8	合計	3,951	3,962	3,982	
9	平均	1,580			
10					

数式バーで正しい引数に修正する

SUM | =AVERAGE(B4:B7)

	A	B	C	AVERAGE(数値1, [数値	
1	支店別契約者数				
2					
3		第１四半期	第２四半期	第３四半期	第
4	東京本店	1,013	1,018	1,022	
5	駅前支店	978	981	980	
6	空港支店	969	976	982	
7	港支店	991	987	998	
8	合計	3,951	3,962	3,982	
9	平均	B4:B7)			
10					

この章で使う表を作成しよう

この章では「支店別集計表」を使って、関数の引数の修正方法を解説します。支店別集計表は、以下の手順で作成します。

この章で使う表

この章で使う「支店別集計表」をいちから作ってみましょう。

	A	B	C	D	E	F	G	H
1	支店別契約者数							
2								
3		第１四半期	第２四半期	第３四半期	第４四半期			
4	東京本店	1,013	1,018	1,022	1,031			
5	駅前支店	978	981	980	994			
6	空港支店	969	976	982	997			
7	港支店	991	987	998	1,002			
8	合計	3,951	3,962	3,982	4,024			
9	平均							
10								

❶ 文字と数値を入力する
❷ SUM関数を入力して横方向にコピーする
❸ 数値に3桁ごとの「,」(カンマ)をつける
❹ 見出しのセルに色をつける
❺ 表全体に格子の罫線を引く
❻ ファイルに名前をつけて保存する

上の表をよく見て、エクセルで同じ表を作成しておきましょう!

表の作り方

	A	B	C	D	E
1	支店別契約者数				
2					
3		第１四半期	第２四半期	第３四半期	第４四半期
4	東京本店	1013	1018	1022	1031
5	駅前支店	978	981	980	994
6	空港支店	969	976	982	997
7	港支店	991	987	998	1002
8	合計	3951	3962	3982	4024
9	平均				
10					

❶ 左のように、文字と数値を入力します。

❷ B8セルに合計を求めるSUM関数を入力し、C8セルからE8セルまでコピーする。

	A	B	C	D	E
1	支店別契約者数				
2					
3		第１四半期	第２四半期	第３四半期	第４四半期
4	東京本店	1,013	1,018	1,022	1,031
5	駅前支店	978	981	980	994
6	空港支店	969	976	982	997
7	港支店	991	987	998	1,002
8	合計	3,951	3,962	3,982	4,024
9	平均				
10					

❸ B4セルからE9セルに

桁区切りスタイル

, を設定して

「,」（カンマ）をつけます。

	A	B	C	D	E
1	支店別契約者数				
2					
3		第１四半期	第２四半期	第３四半期	第４四半期
4	東京本店	1,013	1,018	1,022	1,031
5	駅前支店	978	981	980	994
6	空港支店	969	976	982	997
7	港支店	991	987	998	1,002
8	合計	3,951	3,962	3,982	4,024
9	平均				
10					

❹ A列と3行目の見出しに

塗りつぶしの色

を設定します。

❺ 表全体に

罫線

から「格子」の罫線を引きます。

❻「支店別集計表2」と名前をつけて保存します。

入力中に関数の引数を修正しよう

関数の入力中に引数が間違っていたときは、その場で修正できます。
ここでは、AVERAGE関数の引数を修正します。

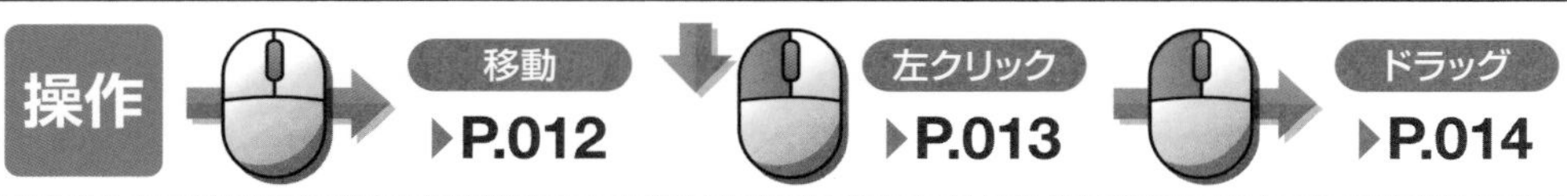

1 計算結果を表示するセルを選択します

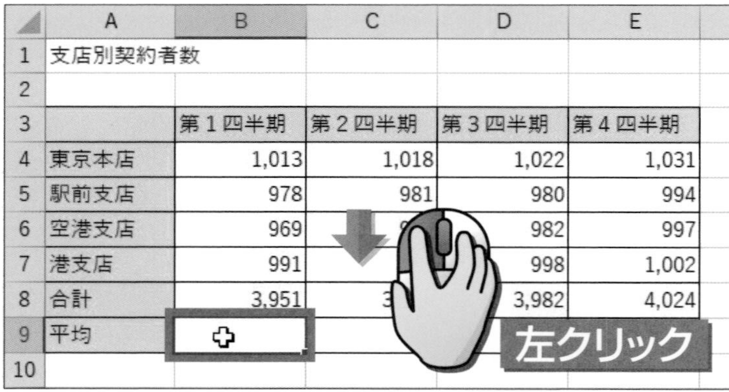

B9セルを

左クリックします。

ここでは、B列の「第1四半期」の平均をB9セルに表示します。

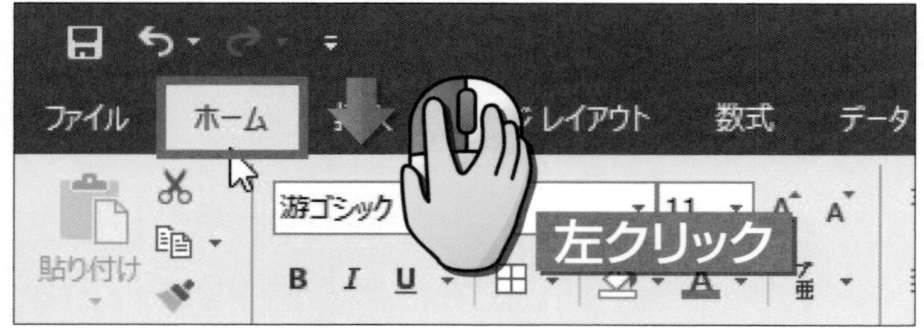

を

左クリックします。

2 AVERAGE関数を入力します その1

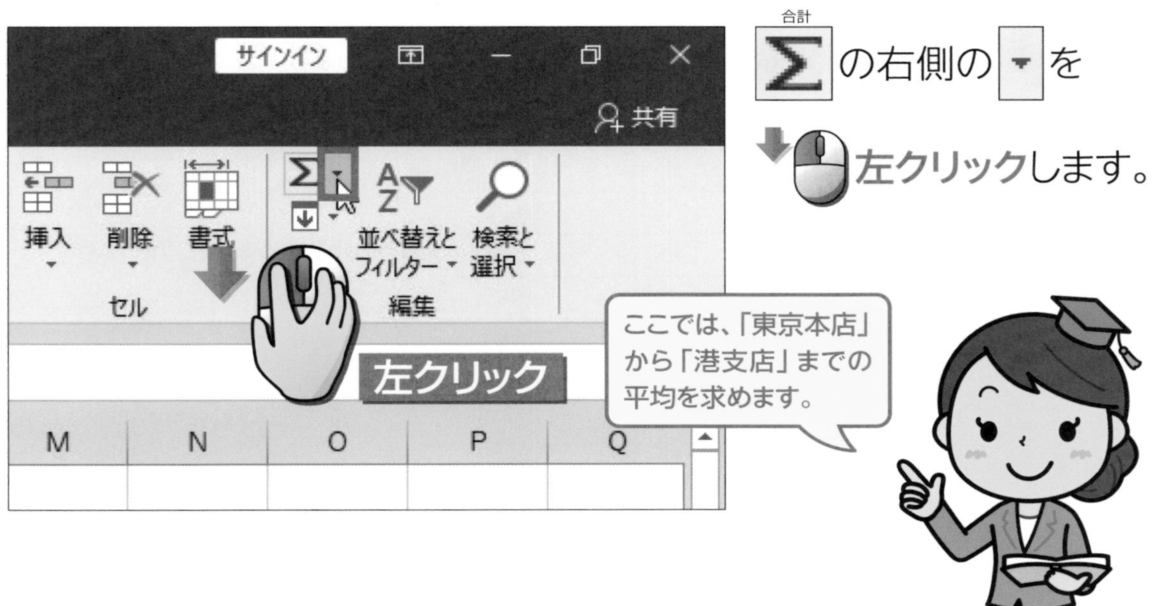

Σ（合計）の右側の ▾ を

左クリックします。

3 AVERAGE関数を入力します その2

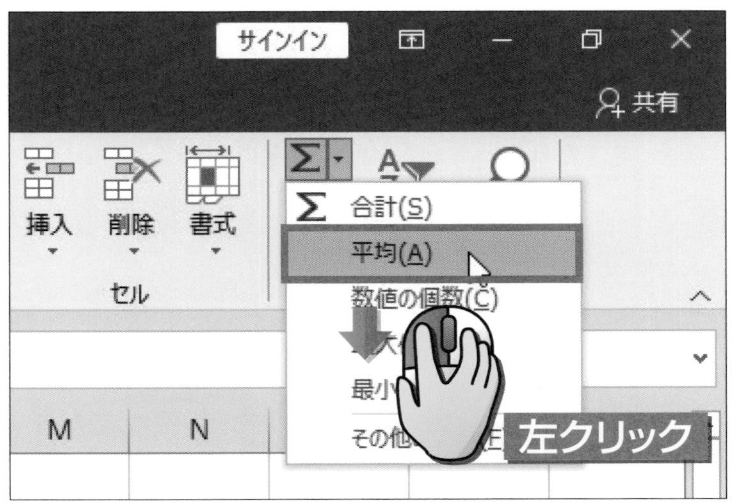

メニューが表示されたら、

平均(A) に

カーソルを移動して、

左クリックします。

4 AVERAGE関数が入力できました

	A	B	C	D	
1	支店別契約者数				
2					
3		第１四半期	第２四半期	第３四半期	第
4	東京本店	1,013	1,018	1,022	
5	駅前支店	978	981	980	
6	空港支店	969	976	982	
7	港支店	991	987	998	
8	合計	3,951	3,962	3,982	
9	平均	=AVERAGE(B4:B8)			
10		AVERAGE(数値1, [数値2], ...)			
11					

「＝AVERAGE（B4：B8）」と入力されました。

平均を計算する引数に、B8セルの「合計」まで含まれてしまいました。

5 AVERAGE関数の引数を修正します

	A	B	C	D	
1	支店別契約者数				
2					
3		第１四半期	第２四半期	第３四半期	第
4	東京本店	1,013	1,018	1,022	
5	駅前支店	978		980	
6	空港支店	969		982	
7	港支店	991			
8	合計	3,951	4R x 1C 3,962	3,982	
9	平均	=AVERAGE(B4:B7)			
10		AVERAGE(数値1, [数値2], ...)			
11					

ドラッグ

平均を求める正しい範囲であるB4セルからB7セルを

ドラッグします。

B8セルは「合計」だから、平均の計算からは除かなきゃだめだよ！

6 Enter キーを押します

	A	B	C	D	
1	支店別契約者数				
2					
3		第１四半期	第２四半期	第３四半期	第４
4	東京本店	1,013	1,018	1,022	
5	駅前支店	978	981	980	
6	空港支店	969	976	982	
7	港支店	991	987	998	
8	合計	3,951	3,962	3,982	
9	平均	=AVERAGE(B4:B7)			
10		AVERAGE(数値1, [数値2],			
11					

「＝AVERAGE（B4：B7）」に修正できたことを確認し、

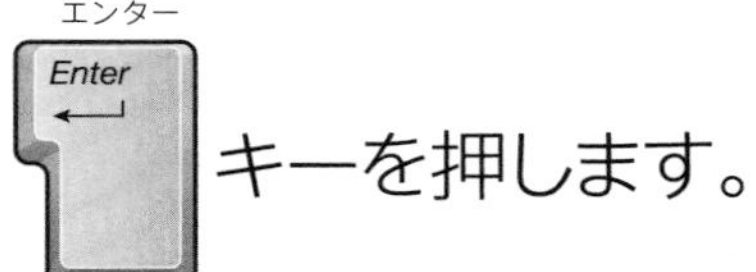

キーを押します。

7 「第1四半期」の平均が計算できました

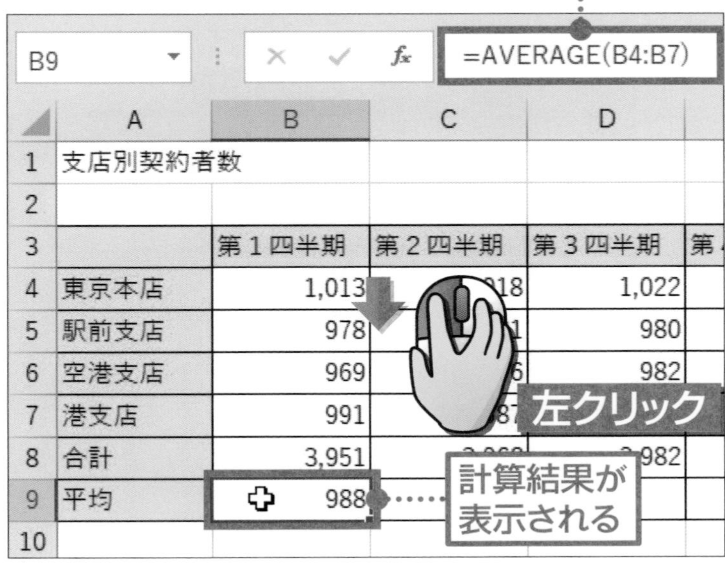

	A	B	C	D	
1	支店別契約者数				
2					
3		第１四半期	第２四半期	第３四半期	第４
4	東京本店	1,013		1,022	
5	駅前支店	978		980	
6	空港支店	969		982	
7	港支店	991			
8	合計	3,951		3,982	
9	平均	988			
10					

B9セルに、B4セルからB7セルまでの平均が表示されました。

B9セルを

左クリックします。

数式バーに、修正した数式が表示されます。

入力後に関数の引数を修正しよう

セルに入力した関数の引数をあとから修正することもできます。
ここでは、入力済みのAVERAGE関数の引数を修正します。

1 計算結果を表示するセルを選択します

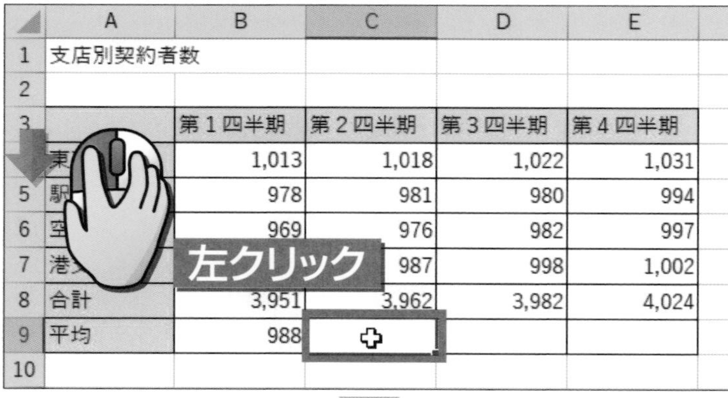

	A	B	C	D	E
1	支店別契約者数				
2					
3		第１四半期	第２四半期	第３四半期	第４四半期
4	東	1,013	1,018	1,022	1,031
5	駅	978	981	980	994
6	空	969	976	982	997
7	港		987	998	1,002
8	合計	3,951	3,962	3,982	4,024
9	平均	988			
10					

C9セルを

ポイント！

ここでは、C列の「第2四半期」の契約者数の平均をC9セルに表示します。

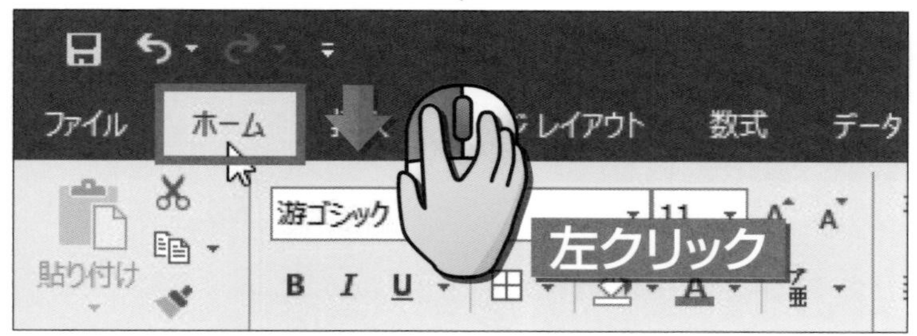

ホーム を

2 AVERAGE関数を入力します

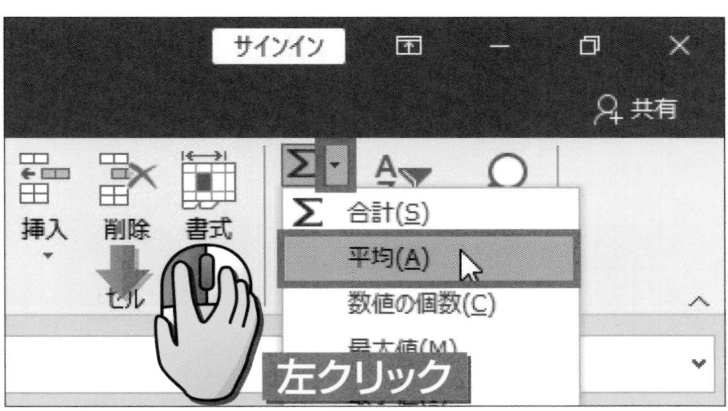

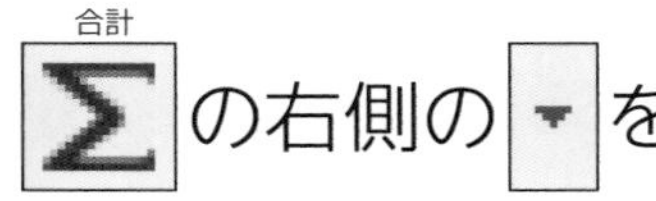

平均(A) を

キーを押します。

	A	B	C	D	
1	支店別契約者数				
2					
3		第１四半期	第２四半期	第３四半期	第
4	東京本店	1,013	1,018	1,022	
5	駅前支店	978	981	980	
6	空港支店	969	976	982	
7	港支店	991	987	998	
8	合計	3,951	3,962	3,982	
9	平均	88	=AVERAGE(C4:C8)		
10			AVERAGE(数値1, [数値2], ...)		

	A	B	C	D	
1	支店別契約者数				
2					
3		第１四半期	第２四半期	第３四半期	第
4	東京本店	1,013	1,018	1,022	
5	駅前支店	978	981	980	
6	空港支店	969	976	982	
7	港支店	991	987	998	
8	合計	3,951	3,962	3,982	
9	平均	988	1,585		

AVERAGE関数を
入力できました。

しかし、意図通りの
結果ではありません。

3 関数を確認します その1

	A	B	C	D	
1	支店別契約者数				
2					
3		第１四半期	第２四半期	第３四半期	第４
4	東京本店	1,013	1,018	1,022	
5	駅前支店	978	981	980	
6	空港支店	969	976	982	
7	港支店	991	987	998	
8	合計	3,951	3,962	3,982	
9	平均	988	1,585		
10					
11					

左クリック

C9セルを

これから、C9セルに入力された引数を正しい範囲に修正します！

4 関数を確認します その2

C9 | =AVERAGE(C4:C8)

	A	B	C	D	
1	支店別契約者数				
2					
3		第１四半期	第２四半期	第３四半期	第４
4	東京本店	1,013	1,018	1,022	
5	駅前支店	978	981	980	
6	空港支店	969	976	982	
7	港支店	991	987	998	
8	合計	3,951	3,962	3,982	
9	平均	988	1,585		
10					
11					

数式バーに「＝AVERAGE（C4：C8）」と表示されます。

ポイント！

平均に必要のないC8セルの合計が引数に含まれていることがわかります。

5 数式バーを左クリックします

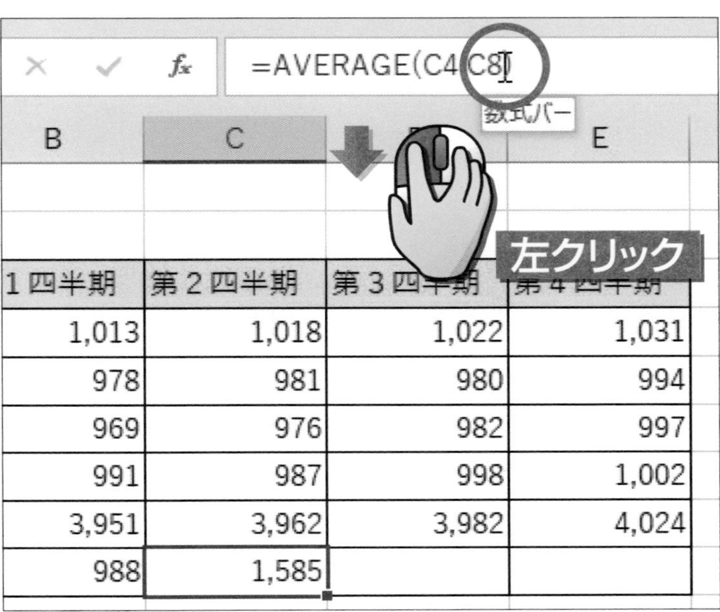

B	C	D	E
1四半期	第２四半期	第３四半期	第４四半期
1,013	1,018	1,022	1,031
978	981	980	994
969	976	982	997
991	987	998	1,002
3,951	3,962	3,982	4,024
988	1,585		

数式バーの
「C8」の右側に

カーソル を**移動**して、

左クリックします。

6 文字カーソルが表示されます

=AVERAGE(C4:C8)

AVERAGE(**数値1**, [数値2], ...)

B	C	D	E
1四半期	第２四半期	第３四半期	第４四半期
1,013	1,018	1,022	1,031
978	981	980	994
969	976	982	997
991	987	998	1,002
3,951	3,962	3,982	4,024
988	C4:C8)		

文字カーソル | が「C8」の右側に
表示されます。

7 引数を修正します その1

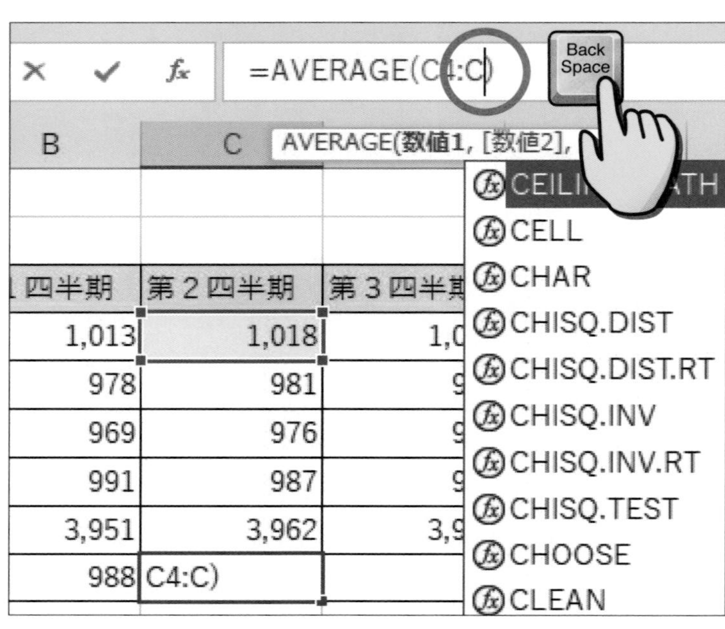

Back Space（バックスペース）キーを押します。

「8」が削除されます。

入力モードアイコンが A になっていることを確認します。

8 引数を修正します その2

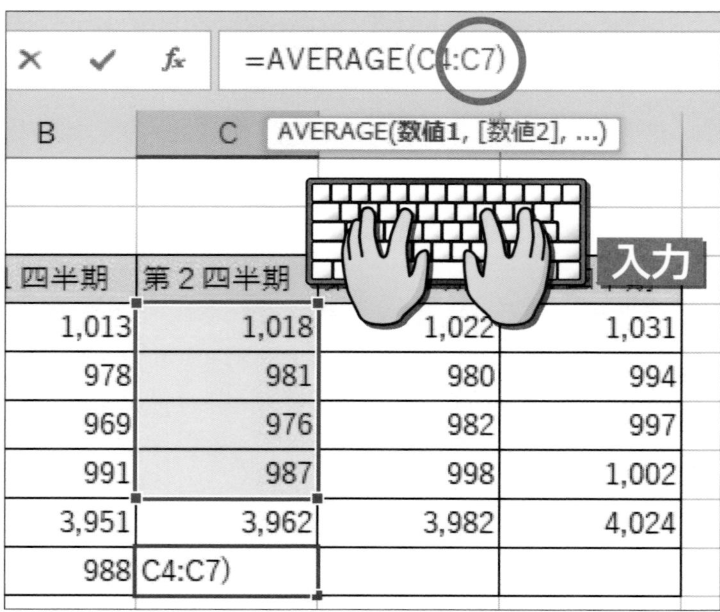

「7」と入力します。

9 Enter キーを押します

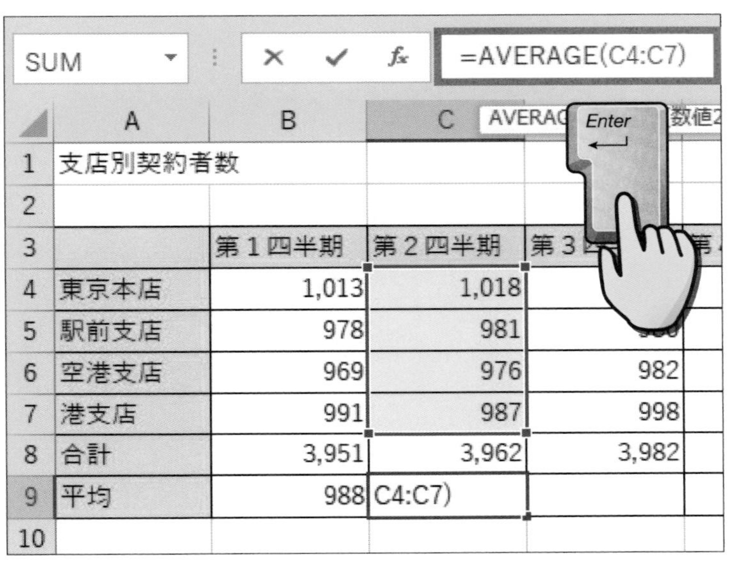

「＝AVERAGE（C4：C7）」に修正できたら、

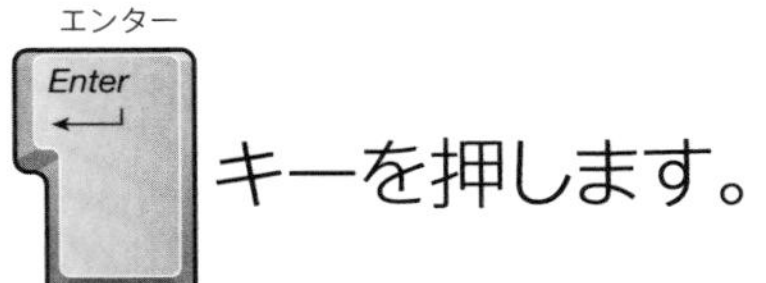

10 「第2四半期」の平均が計算できました

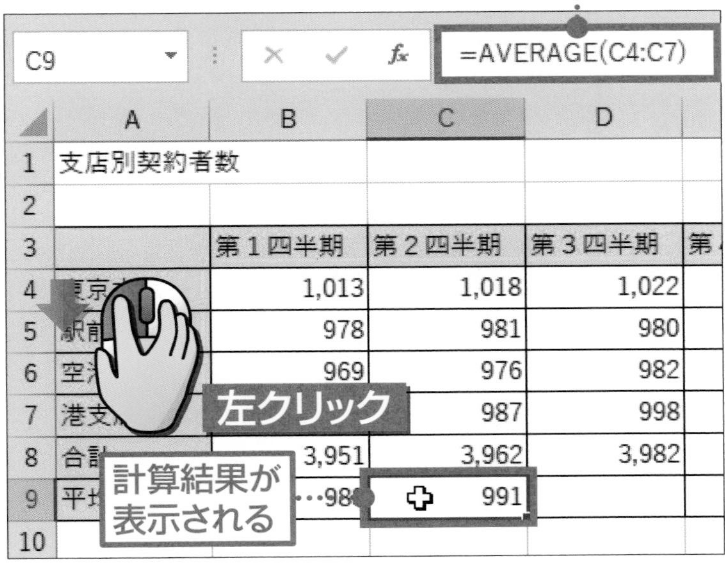

C9セルに、C4セルからC7セルまでの平均「991」が表示されました。

C9セルを

数式バーに、修正した数式が表示されます。

第5章 練習問題

1 平均を求める数式として、B5セルに入力された関数の間違っているところはどこですか？

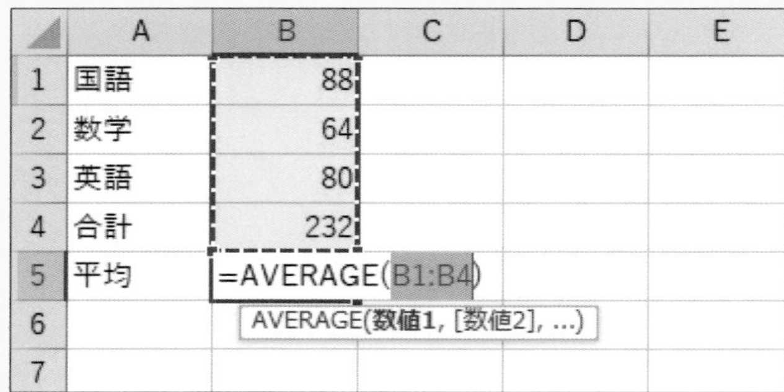
	A	B	C	D	E
1	国語	88			
2	数学	64			
3	英語	80			
4	合計	232			
5	平均	=AVERAGE(B1:B4)			
6		AVERAGE(数値1, [数値2], ...)			
7					

❶ 引数の（B1：B4）
❷ 関数の名前
❸ どこも間違っていない

2 関数の入力中に、引数が間違って表示されたらどうしますか？

❶ 正しいセル範囲をドラッグし直す
❷ 数式の作成中は修正できない
❸ 引数が正しく表示されるまで何度もやり直す

3 数式バーで関数を修正するときに使うキーはどれですか？

❶ エスケープ

キー

❷ バックスペース

キー

❸ エンター

キー

6

第6章

絶対参照をマスターしよう

この章で学ぶこと

- 絶対参照とは何か知っていますか?
- 関数をコピーして正しくない結果になったことがわかりますか?
- 計算元のセルを絶対参照に修正できますか?
- 修正した数式をコピーできますか?

この章でやること 絶対参照

数式をコピーしたときに、参照しているセルの位置がずれると困る場合があります。このようなときは、絶対参照を使ってセルの位置を固定します。

セルの位置がずれると困る場合

エクセルで数式を作ると、
常に同じセルを使って計算したい場合があります。
たとえば、下の表でE列に「割引額」を求めるには、
それぞれの商品の「金額」に対して、
常にE1セルの割引率「10%」を掛け算します。

	A	B	C	D	E	F	G	H
1	注文リスト			割引率	10%			
2								
3	商品名	価格	数量	金額	割引額			
4	ビーフカレー	1,200	10	12,000				
5	チキンカレー	1,000	8	8,000				
6	緑茶	130	15	1,950				
7	紅茶	150	3	450				
8	アイスクリーム	350	6	2,100				
9								

割引率

金額

割引額を計算する

セルの位置を固定するには?

第4章で学習した操作で数式をコピーすると、
行番号や列番号が自動で1つずつずれていきます。

	A	B	C	D	E	F
1	注文リスト			割引率	10%	
2						
3	商品名	価格	数量	金額	割引額	
4	ビーフカレー	1,200	10	12,000	=D4*E1	
5	チキンカレー	1,000	8	8,000	=D5*E2	
6	緑茶	130	15	1,950	=D6*E3	
7	紅茶	150	3	450	=D7*E4	
8	アイスクリーム	350	6	2,100	=D8*E5	
9						

ここを固定しないと…

割引率のE1セルの位置が、コピー先ではE2セルやE3セルにずれてしまう

ただしこの場合、割引率が入力されているセルは**E1 セル**なので、
ずれてしまうと困ります。
E1 セルの位置が**コピーしてもずれない**ようにするには、
行番号や列番号の前に**$**記号をつけて、**絶対参照**を指定します。

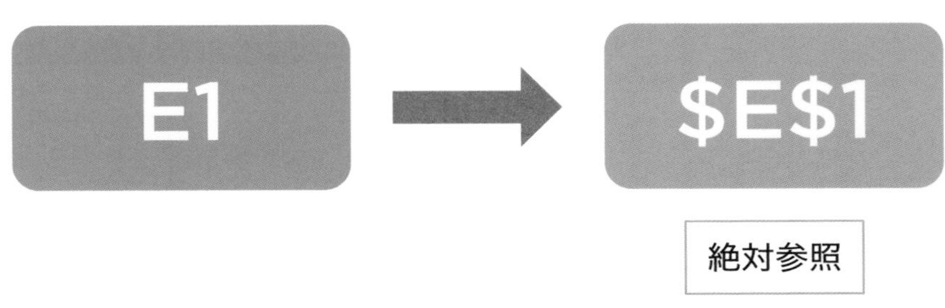

この章で使う表を作成しよう

この章では「注文リスト」を使って、絶対参照の仕組みを解説します。
注文リストは、以下の手順で作成します。

この章で使う表

この章で使う「注文リスト」をいちから作ってみましょう。

	A	B	C	D	E	F	G
1	注文リスト			割引率	10%		
2							
3	商品名	価格	数量	金額	割引額		
4	ビーフカレー	1,200	10	12,000			
5	チキンカレー	1,000	8	8,000			
6	緑茶	130	15	1,950			
7	紅茶	150	3	450			
8	アイスクリーム	350	6	2,100			
9							

❶ 文字と数値、数式を入力する
❷ A列の列幅を広げる
❸ 数値に3桁ごとの「,」(カンマ)をつける
❹ 見出しのセルに色をつける
❺ 表全体に格子の罫線を引く
❻ ファイルに名前をつけて保存する

上の表をよく見て、エクセルで同じ表を作成しておきましょう!

表の作り方

	A	B	C	D	E
1	注文リスト			割引率	10%
2					
3	商品名	価格	数量	金額	割引額
4	ビーフカレー	1200	10	12000	
5	チキンカレー	1000	8	8000	
6	緑茶	130	15	1950	
7	紅茶	150	3	450	
8	アイスクリーム	350	6	2100	
9					

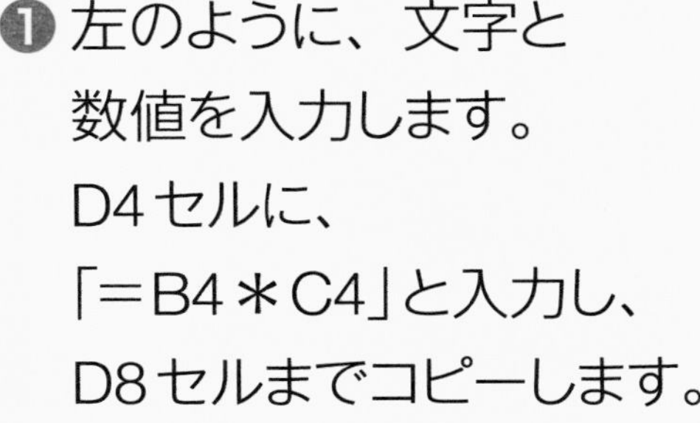

❶ 左のように、文字と数値を入力します。D4セルに、「＝B4＊C4」と入力し、D8セルまでコピーします。

❷ A列の列幅を広げます。

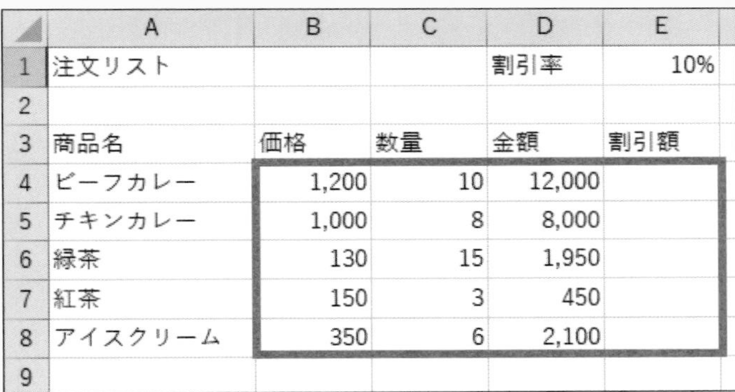

	A	B	C	D	E
1	注文リスト			割引率	10%
2					
3	商品名	価格	数量	金額	割引額
4	ビーフカレー	1,200	10	12,000	
5	チキンカレー	1,000	8	8,000	
6	緑茶	130	15	1,950	
7	紅茶	150	3	450	
8	アイスクリーム	350	6	2,100	
9					

❸ B4セルからE8セルに

桁区切りスタイル

を設定して「,」（カンマ）をつけます。

	A	B	C	D	E
1	注文リスト			割引率	10%
2					
3	商品名	価格	数量	金額	割引額
4	ビーフカレー	1,200	10	12,000	
5	チキンカレー	1,000	8	8,000	
6	緑茶	130	15	1,950	
7	紅茶	150	3	450	
8	アイスクリーム	350	6	2,100	
9					

❹ D1セルと3行目の見出しに

塗りつぶしの色

を設定します。

❺ 表全体に

罫線

から「格子」の罫線を引きます。

❻「注文リスト」と名前をつけて保存します。

割引額を求めよう

割引額は、「=金額*割引率」の数式で計算できます。
ここでは、「ビーフカレー」の割引額を求めましょう。

1 計算結果を表示するセルを選択します

E4セルに（カーソル）を移動して、左クリックします。

入力モードアイコンが A になっていることを確認します。

	A	B	C	D	E	F
1	注文リスト			割引率	10%	
2						
3	商品名	価格	数量	金額	割引額	
4	ビーフカレー	1,200	10	12,000		
5	チキンカレー	1,000	8	8,000		
6	緑茶	130	15	1,950		
7	紅茶	150	3	450		

左クリック

ポイント!

ここでは、「ビーフカレー」の割引額をE4セルに表示します。

2 「割引額」を計算します

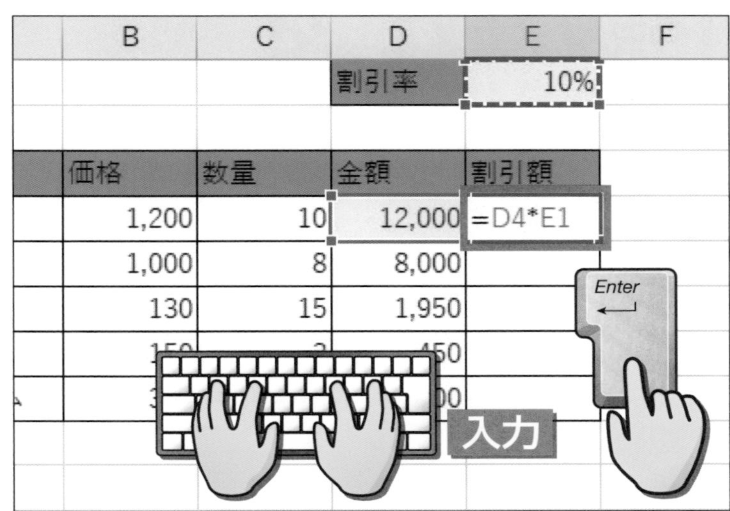

「＝D4＊E1」の数式を

入力し、

エンター

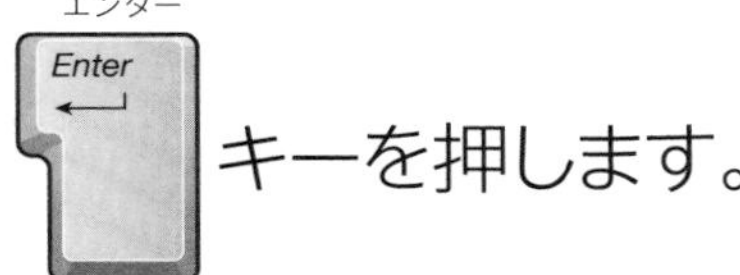

キーを押します。

ポイント!

＊の入力方法は、38ページを参照してください。

3 「割引額」が計算できました

	B	C	D	E	F
			割引率	10%	
	価格	数量	金額	割引額	
	1,200	10	12,000	1,200	
	1,000	8	8,000		
	130	15	1,950		
	150	3	450		
	350	6	2,100		

E4セルに
割引額「1,200」が
表示されました。

ここで入力した数式は、D4セルの金額にE1セルの割引率を掛け合わせたもので、割引率が求められます。

割引額の数式を絶対参照に修正しよう

前節で作成した割引額を求める数式をコピーします。
E1セルの位置がずれているので、絶対参照に修正します。

1 コピー元のセルを選択します

E4セルにを移動して、左クリックします。

（カーソル）

	A	B	C	D	E	F
1	注文リスト			割引率	10%	
2						
3	商品名	価格	数量	金額	割引額	
4	ビーフカレー	1,200	10	12,000	1,200	
5	チキンカレー	1,000	8	8,000		
6	緑茶	130	15	1,950		
7	紅茶	150	3	450		
8	アイスクリーム	350	6	2,100		
9						
10						

左クリック

2 数式を縦方向にコピーします その1

	B	C	D	E	F
			割引率	10%	
	価格	数量	金額	割引額	
	1,200	10	12,000	1,200	
	1,000	8	8,000		
	130	15	1,950		
	150	3	450		
	350	6	2,100		

セルの右下の■に

カーソルを移動します。

カーソルが＋に変わります。

ここで行っている操作は、101ページで行った「オートフィル」ですよ！

3 数式を縦方向にコピーします その2

	B	C	D	E	F
			割引率	10%	
	価格	数量	金額	割引額	
	1,200	10	12,000	1,200	
	1,000	8	8,000		
			1,950		
	15	3	450		
	350				

ドラッグ

そのまま、

E8セルまで縦方向に

ドラッグします。

4 計算結果が表示されます

	B	C	D	E	F
			割引率	10%	
	価格	数量	金額	割引額	
	1,200	10	12,000	1,200	
	1,000	8	8,000	0	
	130	15	1,950	#VALUE!	
	150	3	450	540,000	
	350	6	2,100	0	

E4セルの数式が
E8セルまで
コピーできました。

ただし、正しく
割引率が
計算できていません。

ポイント!

「#VALUE!」については198ページで解説しています。

5 セルの数式を削除します

	B	C	D	E	F
			割引率	10%	
	価格	数量	金額	割引額	
	1,200	10	12,000	1,200	
	1,000	8	8,000	0	
	130	15	1,950	#VALUE!	
	150	3	450	540,000	
	350	6	2,100	0	

E5セルからE8セルを

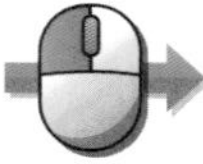
ドラッグします。

Delete（デリート）キーを押します。

ポイント!

ここでは、間違った計算結果が表示されているセルの数式を削除しています。

6 数式を削除できました

	B	C	D	E	F
			割引率	10%	
	価格	数量	金額	割引額	
	1,200	10	12,000	1,200	
	1,000	8	8,000		
	130	15	1,950		
	150	3	450		
	350	6	2,100		

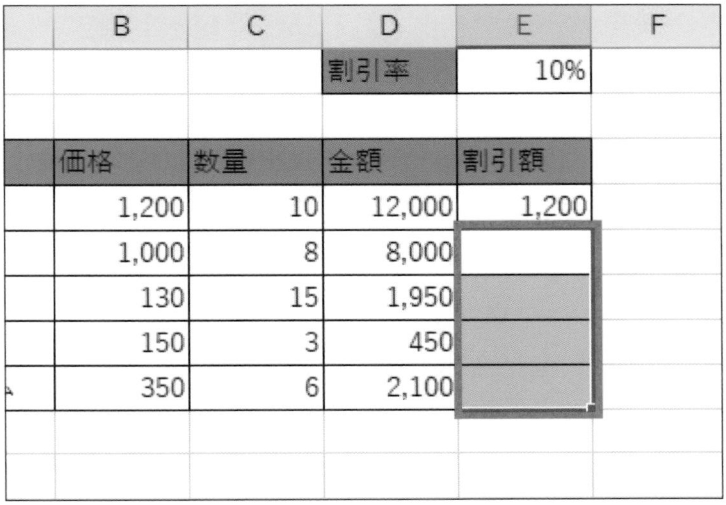

E5セルからE8セルの数式を削除できました。

7 修正したいセルを選択します

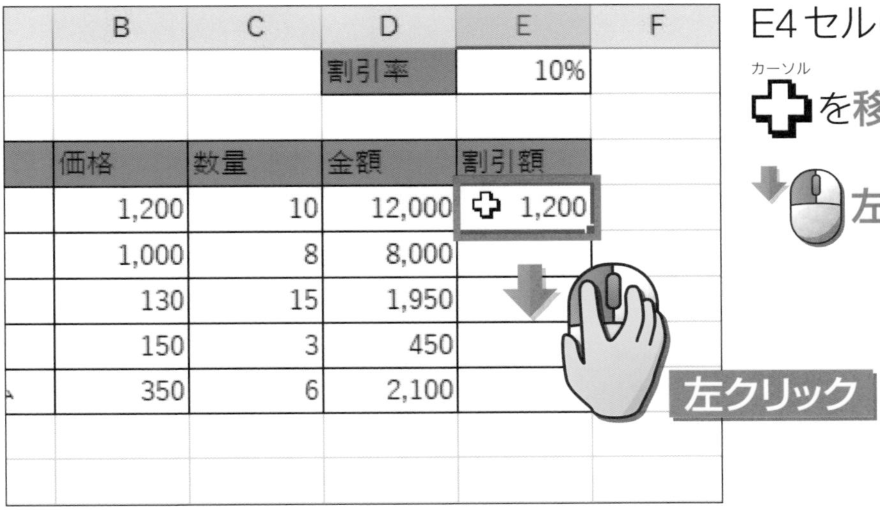

	B	C	D	E	F
			割引率	10%	
	価格	数量	金額	割引額	
	1,200	10	12,000	1,200	
	1,000	8	8,000		
	130	15	1,950		
	150	3	450		
	350	6	2,100		

左クリック

E4セルに

(カーソル)を移動して、

左クリックします。

次へ

8 数式バーを左クリックします

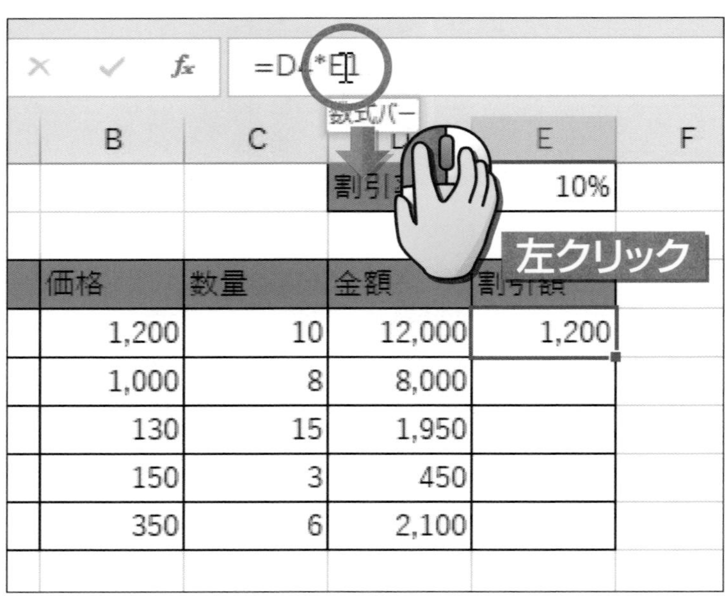

数式バーの「E1」と表示されている箇所を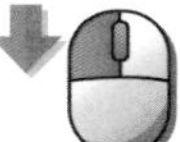左クリックします。

9 絶対参照を指定します

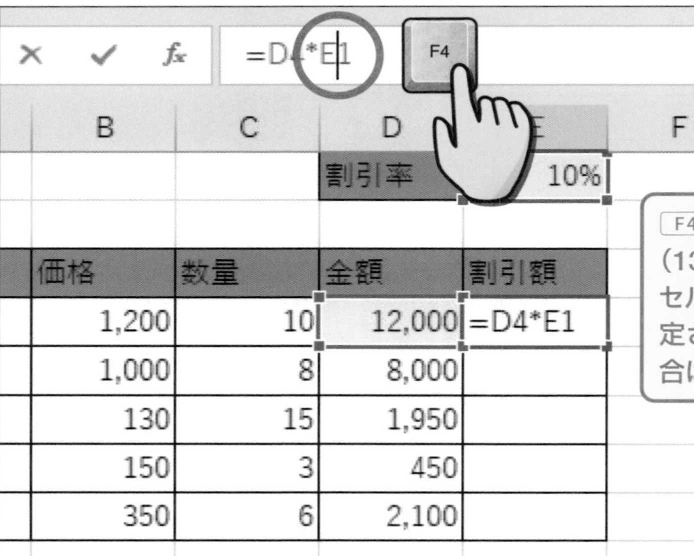

文字カーソル | が表示されたら、キーを押します。

F4 キーを押すと、「E1」が絶対参照（138ページ参照）に変わります。すると、セルをコピーしてもE1セルへの参照が固定されます。「$E$1」と表示されない場合は、F4 キーを何度か押しましょう。

10 Enter キーを押します

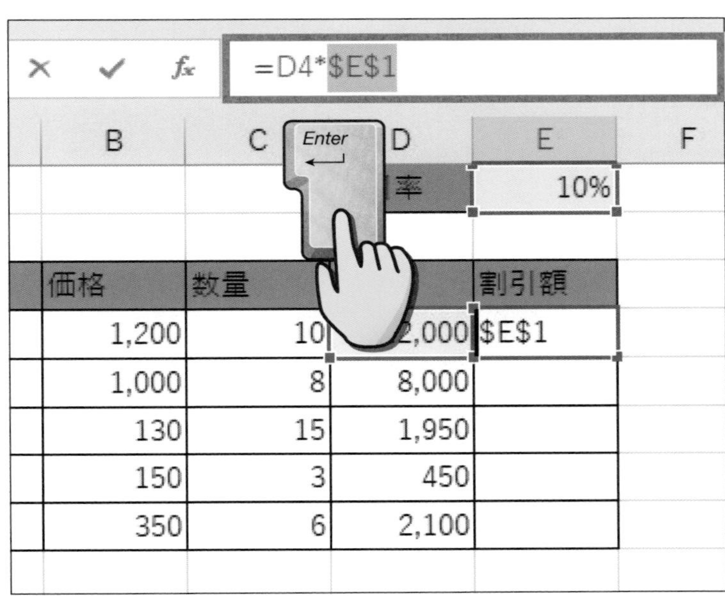

「＝D4＊E1」が
「＝D4＊$E$1」に
変わったことを確認し、

キーを押します。

ポイント！

「$E$1」と表示されない場合は、F4 キーを何度か押しましょう。

11 割引額の数式を修正できました

「＝D4＊$E$1」という絶対参照を使った数式が入力されている

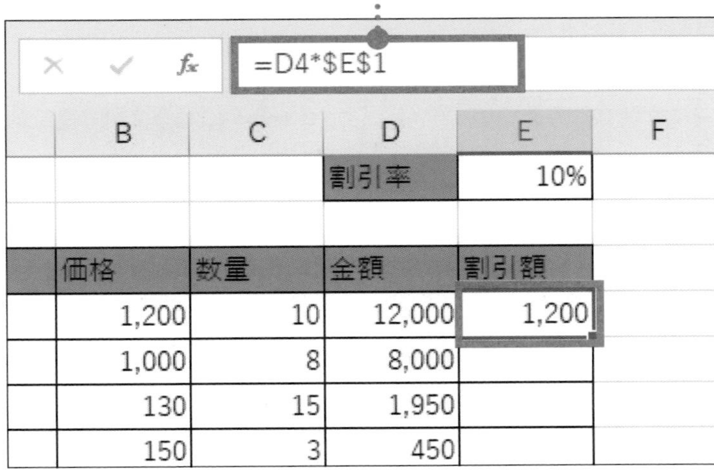

E4セルの数式を
絶対参照に
修正できました。

12 コピー元のセルを選択します

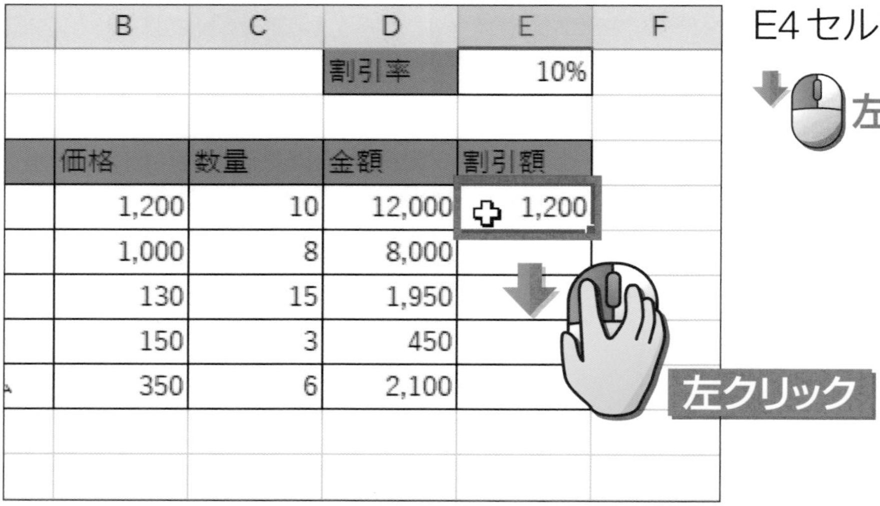

	B	C	D	E	F
			割引率	10%	
	価格	数量	金額	割引額	
	1,200	10	12,000	1,200	
	1,000	8	8,000		
	130	15	1,950		
	150	3	450		
	350	6	2,100		

左クリック

E4セルを

左クリックします。

13 数式を縦方向にコピーします その1

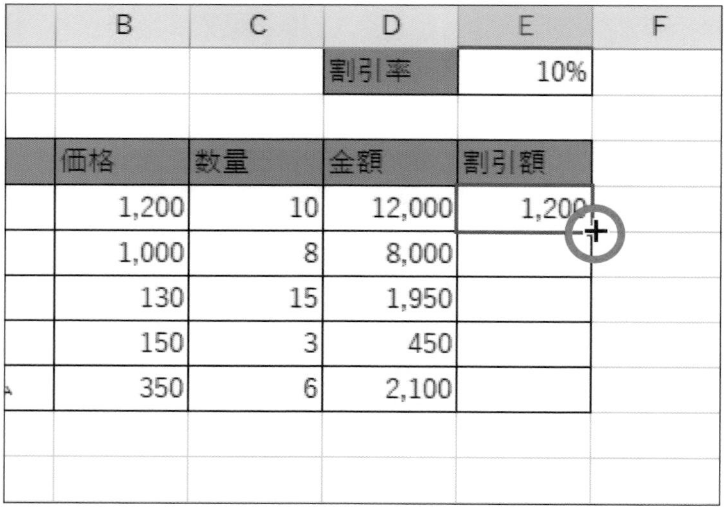

	B	C	D	E	F
			割引率	10%	
	価格	数量	金額	割引額	
	1,200	10	12,000	1,200	
	1,000	8	8,000		
	130	15	1,950		
	150	3	450		
	350	6	2,100		

セルの右下の■に

（カーソル）を移動します。

（カーソル）が＋に変わります。

14 数式を縦方向にコピーします その2

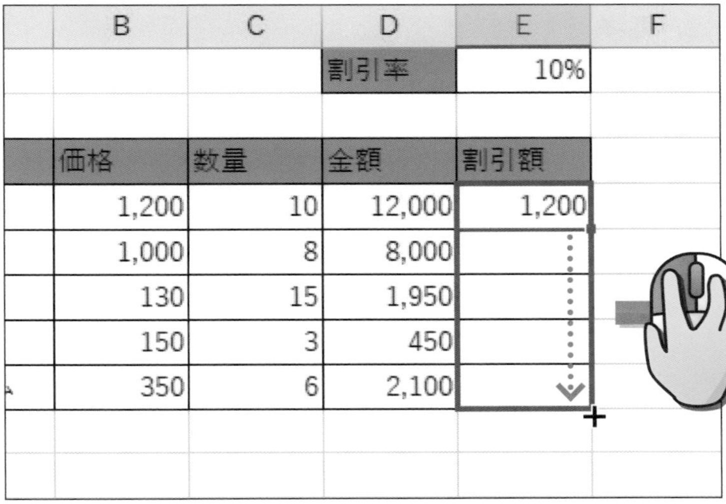

	B	C	D	E	F
			割引率	10%	
	価格	数量	金額	割引額	
	1,200	10	12,000	1,200	
	1,000	8	8,000		
	130	15	1,950		
	150	3	450		
	350	6	2,100		

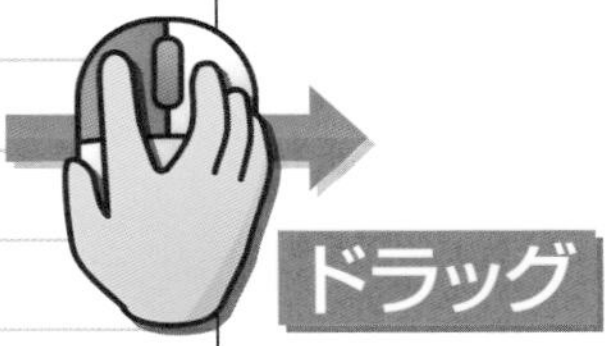

ドラッグ

E8セルまで縦方向に

ドラッグします。

15 正しく計算できました

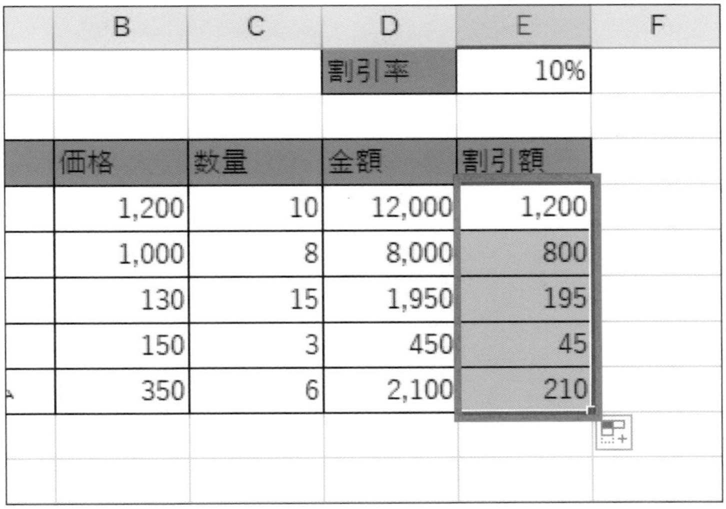

	B	C	D	E	F
			割引率	10%	
	価格	数量	金額	割引額	
	1,200	10	12,000	1,200	
	1,000	8	8,000	800	
	130	15	1,950	195	
	150	3	450	45	
	350	6	2,100	210	

絶対参照を使った数式が、E8セルまでコピーできました。

E5セルからE8セルまで割引額を正しく計算できました。

ポイント!

132ページでは正しく計算できませんでしたが、今回正しく計算できた理由は次のページで解説します。

絶対参照とは

数式に使うセルの位置を固定することを絶対参照と呼びます。
ここでは、絶対参照の仕組みを学びましょう。

相対参照で数式をコピーすると…

130ページの操作で、E4セルの数式を縦方向にコピーすると、割引率の入ったE1セルが**1行分ずつ下にずれてコピー**されます。そのため、割引額を正しく計算できません。

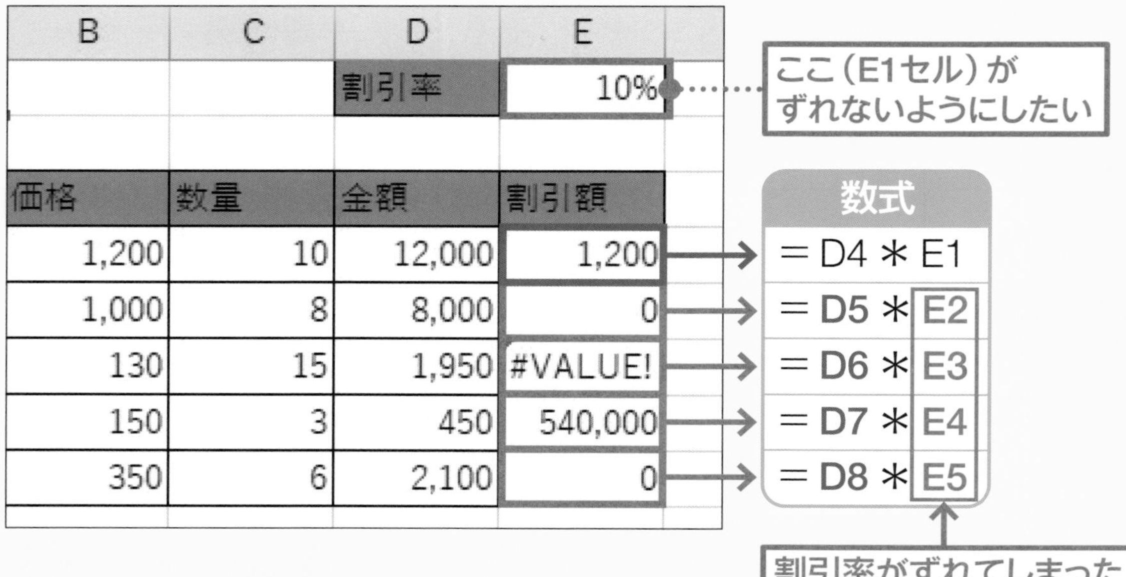

B	C	D	E
		割引率	10%
価格	数量	金額	割引額
1,200	10	12,000	1,200
1,000	8	8,000	0
130	15	1,950	#VALUE!
150	3	450	540,000
350	6	2,100	0

絶対参照で数式をコピーすると…

134ページの操作で、割引率のE1セルを**絶対参照に変更**してから数式をコピーすると、下のような内容になります。

数式をコピーしても、絶対参照のセルは変化しません。
そのため、常に**E1セル**を使って掛け算が行えます。

このように、コピー先のセルに関係なく、
セルの位置を固定することを**絶対参照**と呼びます。

	B	C	D	E
			割引率	10%
	価格	数量	金額	割引額
	1,200	10	12,000	1,200
	1,000	8	8,000	800
	130	15	1,950	195
	150	3	450	45
	350	6	2,100	210

ここ（E1セル）が
ずれないようにしたい

数式
=D4*$E$1
=D5*$E$1
=D6*$E$1
=D7*$E$1
=D8*$E$1

相対参照なので
1つずつずれている

絶対参照なので
割引率がずれなかった

E1に$記号をつけて$E$1とすると絶対参照を指定したことになります！

第6章　練習問題

1　コピー先のセルに関係なく、常に同じセルを参照することを何と呼びますか？

❶　相対参照
❷　自動参照
❸　絶対参照

2　参照先のセルの位置を固定するときに押すキーはどれですか？

❶　F1 キー　❷　F2 キー　❸　F4 キー

3　E4 セルの位置を固定すると、どのように表示されますか？

❶　&E&4
❷　$E$4
❸　#E#4

7

第7章

便利な関数をマスターしよう

この章で学ぶこと

- 関数で今日の日付を求められますか?
- 関数で漢字のふりがなを求められますか?
- 関数で小数点以下の数値を四捨五入できますか?
- 関数で数値の順位をつけられますか?

この章でやること 便利な関数

関数の基本的な使い方がわかったら、
知っていると便利な関数に挑戦してみましょう。

TODAY関数・PHONETIC関数

TODAY関数は、今日の日付を求める関数です。
PHONETIC関数は、ふりがなを表示する関数です。

TODAY関数

fx =TODAY()

	C	D	E	F
		集計日	2021/3/14	
	点数	四捨五入	順位	
	161.5			
	174.2			
	146.8			
	188.3			
	137.6			

今日の日付を表示する

PHONETIC関数

B4 fx =PHONETIC(A4)

	A	B	C	D
1	成績表			集計日
2				
3	氏名	ふりがな	点数	四捨五入
4	三宅祐介	ミヤケユウスケ	161.5	
5	大庭光恵	オオバミツエ	174.2	
6	佐藤悟志	サトウサトシ	146.8	
7	林由紀子	ハヤシユキコ	188.3	
8	木下一郎	キノシタイチロウ	137.6	
9				

ふりがなを表示する

ROUND関数

ROUND関数は、数値を四捨五入するときに使う関数です。

● ROUND関数

B	C	D	E
		集計日	2021/3/14
りがな	点数	四捨五入	順位
ヤケユウスケ	161.5		
	174.2		
	146.8		
	188.3		
	137.6		

数値に小数点以下がある

▶

B	C	D	E
		集計日	2021/3/14
りがな	点数	四捨五入	順位
ヤケユウスケ	161.5	162	
オバミツエ	174.2	174	
トウサトシ	146.8	147	
ヤシユキコ	188.3	188	
ノシタイチロウ	137.6	138	

小数点以下を四捨五入する

RANK関数

RANK関数は、順位を求める関数です。

大きいほうからの順位と小さいほうからの順位を求められます。

● RANK関数

点数が大きいほうからの順位を求める

B			
りがな	点数	四捨五入	順位
ヤケユウスケ	161.5	162	3
オバミツエ	174.2	174	2
トウサトシ	146.8	14	4
ヤシユキコ	188.3	188	1
ノシタイチロウ	137.6	138	5

点数が小さいほうからの順位を求める

B			
りがな	点数	四捨五入	順位
ヤケユウスケ	161.5	162	3
オバミツエ	174.2	174	4
トウサトシ	146.8	14	2
ヤシユキコ	188.3	188	5
ノシタイチロウ	137.6	138	1

この章で使う表を作成しよう

この章では「成績表」を使って、知っていると便利な関数を作成します。
成績表は、以下の手順で作成します。

この章で使う表

この章で使う「成績表」をいちから作ってみましょう。

	A	B	C	D	E	F	G
1	成績表			集計日			
2							
3	氏名	ふりがな	点数	四捨五入	順位		
4	三宅祐介		161.5				
5	大庭光恵		174.2				
6	佐藤悟志		146.8				
7	林由紀子		188.3				
8	木下一郎		137.6				
9							
10							

上の表をよく見て、エクセルで同じ表を作成しておきましょう！

❶ 文字と数値を入力する
❷ 見出しのセルに色をつける
❸ 表全体に格子の罫線を引く
❹ ファイルに名前をつけて保存する

表の作り方

	A	B	C	D	E
1	成績表			集計日	
2					
3	氏名	ふりがな	点数	四捨五入	順位
4	三宅祐介		161.5		
5	大庭光恵		174.2		
6	佐藤悟志		146.8		
7	林由紀子		188.3		
8	木下一郎		137.6		
9					
10					

❶ 左のように、
文字と数値を
入力します。

	A	B	C	D	E
1	成績表			集計日	
2					
3	氏名	ふりがな	点数	四捨五入	順位
4	三宅祐介		161.5		
5	大庭光恵		174.2		
6	佐藤悟志		146.8		
7	林由紀子		188.3		
8	木下一郎		137.6		
9					
10					

❷ A3セルからE3セルと、
D1セルに

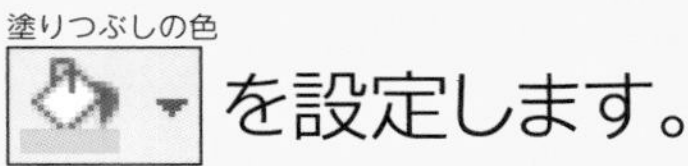

を設定します。

	A	B	C	D	E
1	成績表			集計日	
2					
3	氏名	ふりがな	点数	四捨五入	順位
4	三宅祐介		161.5		
5	大庭光恵		174.2		
6	佐藤悟志		146.8		
7	林由紀子		188.3		
8	木下一郎		137.6		
9					
10					

❸ 表全体に
罫線
から「格子」の
罫線を引きます。

❹「成績表」と
名前をつけて
保存します。

今日の日付を表示しよう

今日の日付を表示するときは、TODAY（トゥデイ）関数を使います。
試験の集計日に、今日の日付を表示します。

操作

左クリック ▶P.013

入力 ▶P.016

1 計算結果を表示するセルを選択します

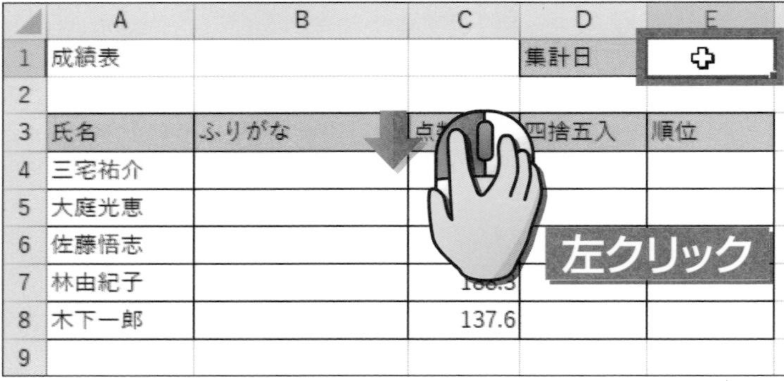

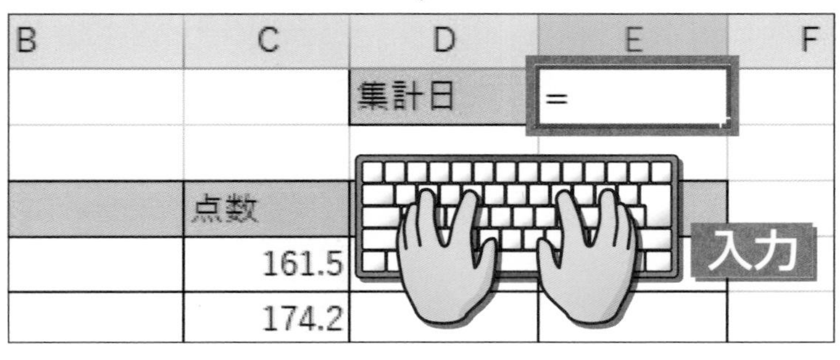

E1セルを

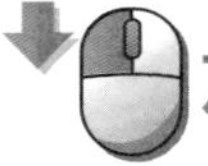

左クリックします。

入力モードアイコンが

A になっていることを確認します。

「=」を

入力します。

2 TODAY関数を入力します

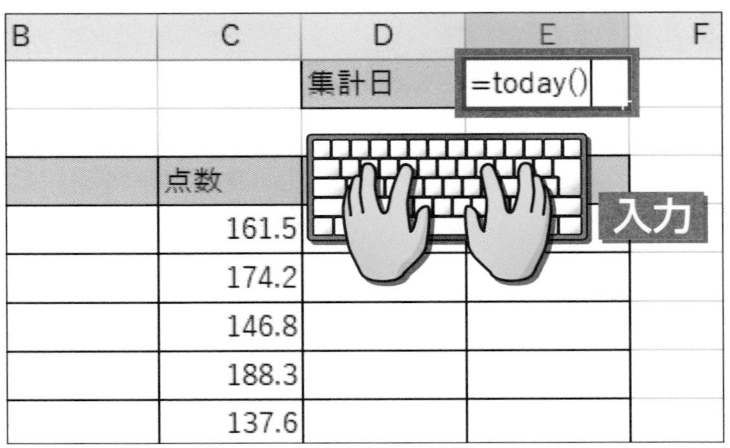

続けて、
「today ()」を

入力します。

ポイント!

「( )」は Shift キーを押しながら (ゆ) (よ)キーを押して、入力します。

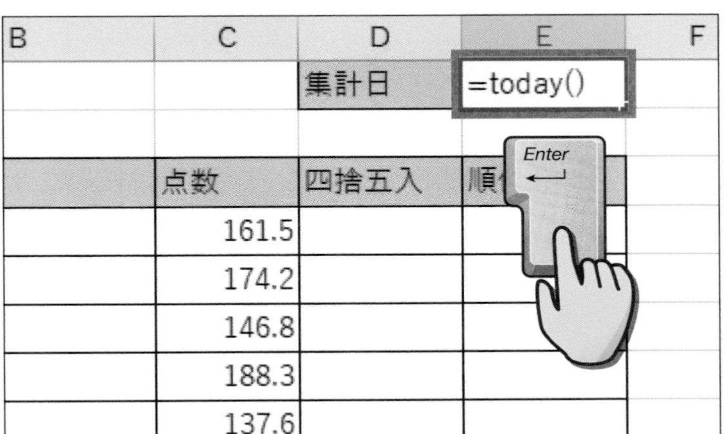

「=today ()」と表示されたことを確認して、

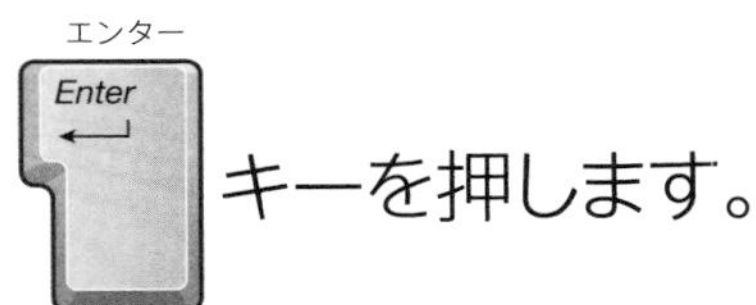

キーを押します。

B	C	D	E	F
		集計日	2021/3/14	
	点数	四捨五入	順位	
	161.5			
	174.2			
	146.8			

E1 セルに、
今日の日付が
表示されました。

ポイント!

明日になると、自動的に明日の日付に更新されます。

ふりがなを表示しよう

漢字のふりがなを表示するときは、PHONETIC（フォネティック）関数を使います。「氏名」のふりがなを表示します。

操作

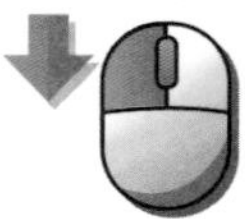

▶P.013

▶P.016

1 計算結果を表示するセルを選択します

	A	B	C	D	E
1	成績表			集計日	2021/3/14
2					
3	氏名	ふりがな	点数	四捨五入	順位
4	三宅祐介		161.5		
5	大庭光恵		174.2		
6	佐藤悟志				
7	林由紀子				
8	木下一郎				
9					

左クリック

B4セルを

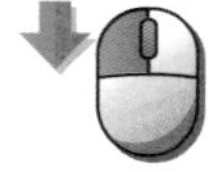

左クリックします。

ポイント！

ここでは、A4セルの「氏名」のふりがなをB4セルに表示します。

	A	B	C
1	成績表		
2			
3	氏名	ふりがな	点数
4	三宅祐介	=	161.5
5	大庭光恵		174.2

入力

「=」を

入力します。

ポイント！

入力モードアイコンが A になっていることを確認します。

2 PHONETIC関数を入力します

	A	B	C	
1	成績表			集計
2				
3	氏名	ふりがな	点数	四捨
4	三宅祐介	=	161.5	
5	大庭光恵		174.2	
6	佐藤悟志		146.8	
7	林由紀子			
8	木下一郎		137.6	
9				

入力

続けて、

「phonetic (」を

入力します。

ポイント！

入力する英字は、大文字でも小文字でもかまいません。

3 引数を指定します

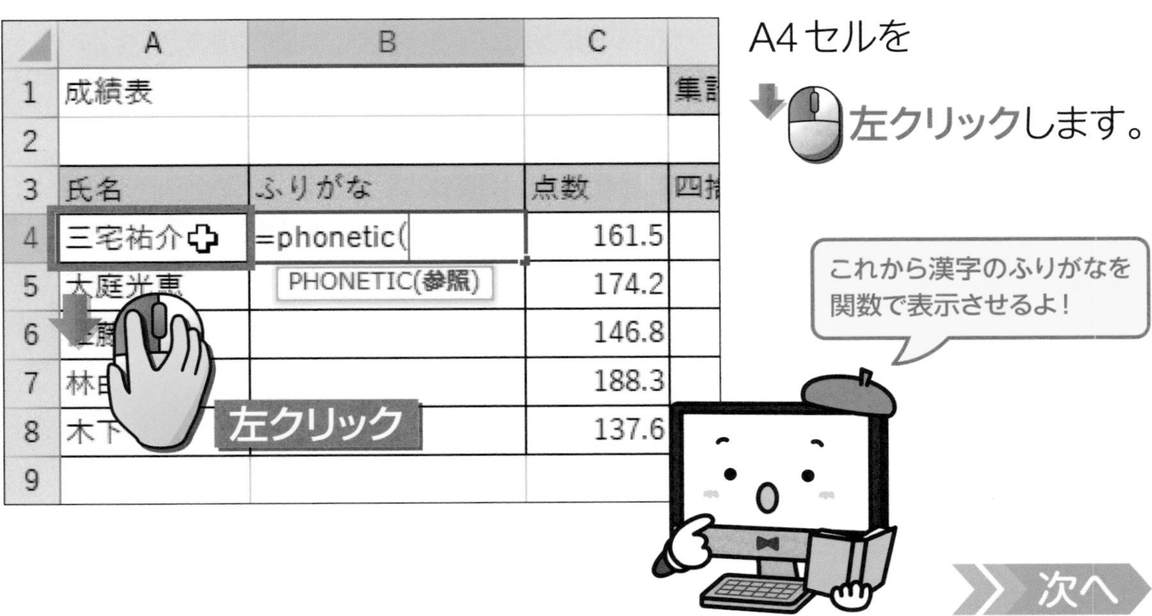

A4セルを

左クリックします。

次へ

4 「)」を入力します

	A	B	C	
1	成績表			集
2				
3	氏名	ふりがな	点数	四
4	三宅祐介	=phonetic(A4)	161.5	
5	大庭光恵		174.2	
6	佐藤悟志		146.8	
7	林由紀子			
8	木下一郎		137.6	
9				

入力

「=phonetic（A4」と表示されます。

「)」を

入力します。

5 Enter キーを押します

	A	B	C	
1	成績表			集
2				
3	氏名	ふりがな	点数	四
4	三宅祐介	=phonetic(A4)	161.5	
5	大庭光恵		174.2	
6	佐藤悟志		146.8	
7	林由紀子		188.3	
8	木下一郎		137.6	
9				

「=phonetic（A4）」と表示されたら、

キーを押します。

6 PHONETIC関数が入力できました

	A	B	C	
1	成績表			集
2				
3	氏名	ふりがな	点数	四
4	三宅祐介	ミヤケユウスケ	161.5	
5	大庭光恵			
6	佐藤悟志			
7	林由紀子			
8	木下一郎			
9				

B4セルに、A4セルの氏名のふりがなが表示されます。

ふりがなが間違って表示されたときは、漢字に変換する際に間違った読みで入力しています！

コラム PHONETIC関数とは

PHONETIC（フォネティック）関数は、
引数で指定したセルの**ふりがなを表示**する関数です。
漢字に変換したときの「読み」がふりがなとして表示されます。

＝ phonetic（ A4 ）

関数名

ふりがなのもとになる
漢字が入力されているセル

小数点以下を四捨五入しよう

数字を四捨五入したいときは、ROUND（ラウンド）関数を使います。
「点数」の小数点第1位を四捨五入します。

操作  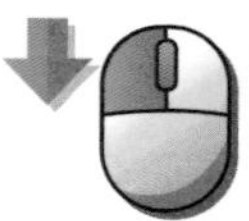 左クリック ▶P.013  入力 ▶P.016

1 計算結果を表示するセルを選択します

	A	B	C	D	E
1	成績表			集計日	2021/3/14
2					
3	氏名	ふりがな	点数	四捨五入	順位
4	三宅	ケユウスケ	161.5		
5	大庭光恵		174.2		
6	佐藤悟志		146.8		
7	林由紀子		3.3		
8	木下一郎		137.6		
9					

左クリック

D4セルを

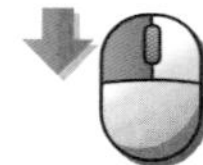左クリックします。

ポイント！

ここでは、C4セルの「点数」を小数点以下で四捨五入して、D4セルに表示します。

B	C	D	E
		集計日	2021/3/14
がな	点数	四捨五入	順位
ケユウスケ	161.5	=	
	174.2		

入力

「=」を

入力します。

ポイント！

入力モードアイコンが A になっていることを確認します。

2 ROUND関数を入力します

B	C	D	E
		集計日	2021/3/14
がな	点数	四捨五入	順位
ケユウスケ	161.5	=round(	
	174.2	ROUND(数値, 桁数)	
	14		
	1		
	137.6		

入力

続けて、

「round (」を

入力します。

ポイント!

入力する英字は、大文字でも小文字でもかまいません。

3 1つ目の引数を指定します

B	C	D	E
		集計日	2021/3/14
がな	点数	四捨五入	順位
ケユウスケ	161.5	=round(	
	174.2	ROUND(数値, 桁数)	
	146.8		
	188.3		
	137.6		

左クリック

C4セルを

左クリックします。

ポイント!

1つ目の引数には、四捨五入したい数値（ここでは「点数」）が入力されているセルを指定します。

4 2つ目の引数を指定します

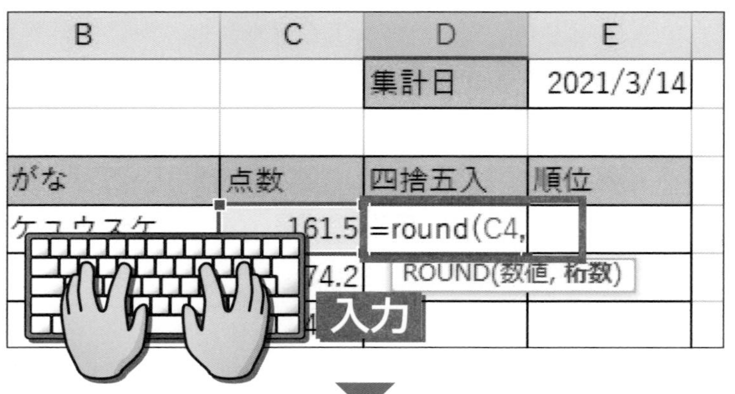

「=round(C4」と表示されます。

「,」(カンマ)を

入力します。

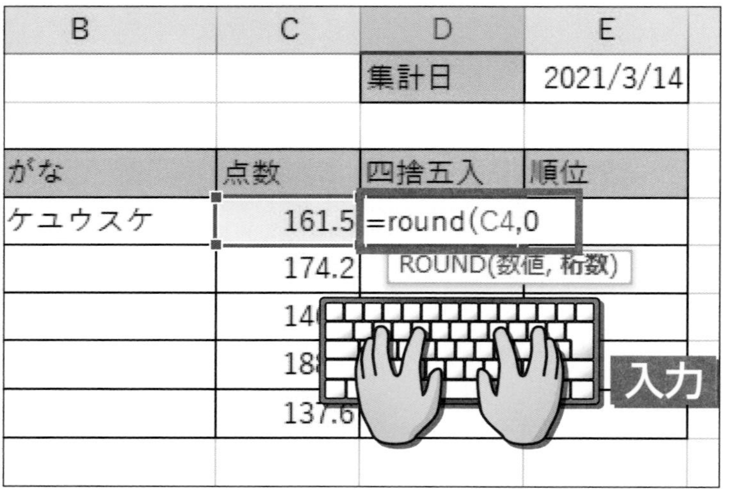

「0」を

入力します。

ポイント!

2つ目の引数には、四捨五入したい桁の位置を指定します。「0」を指定すると、小数点以下第1位が四捨五入されます。

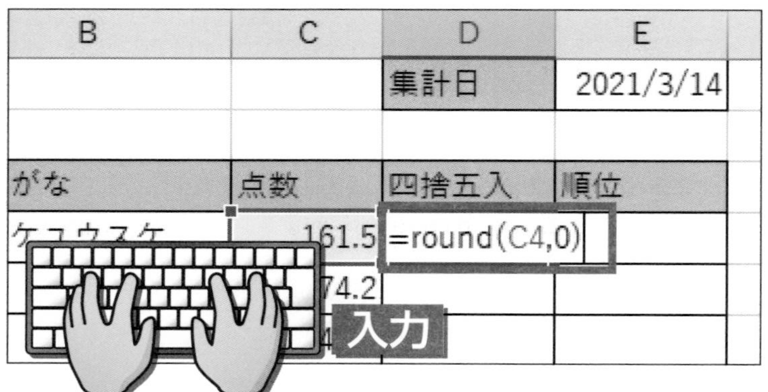

「=round(C4,0」と表示されます。

「)」を

入力します。

5 ROUND関数が入力できました

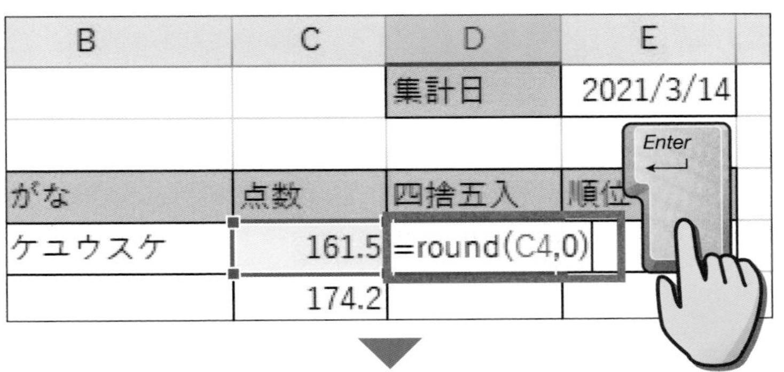

「＝round（C4,0）」と表示されたら、

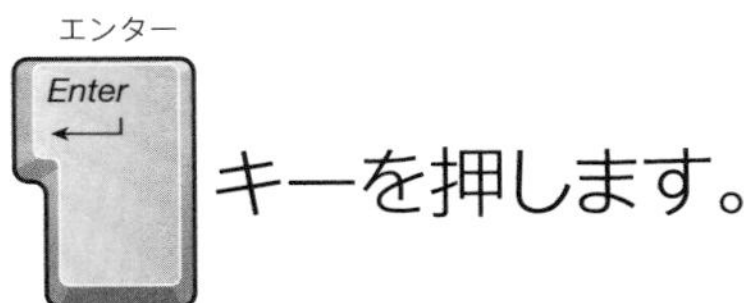

キーを押します。

B	C	D	E
		集計日	2021/3/14
がな	点数	四捨五入	順位
ケユウスケ	161.5	162	
	174.2		

D4セルに、「点数」が整数で表示されます。

コラム ROUND関数とは

ROUND（ラウンド）関数は、引数で指定した数値を指定した桁の位置で**四捨五入**する関数です。括弧の中に2つの引数を指定します。引数の間を半角の「,」（カンマ）で区切ります。

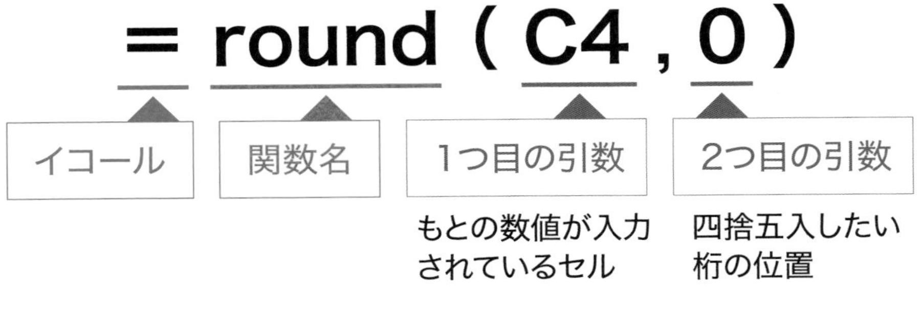

成績の順位をつけよう

数値の順位を求めるときは、RANK（ランク）関数を使います。
「点数」の大きい順に順位を求めます。

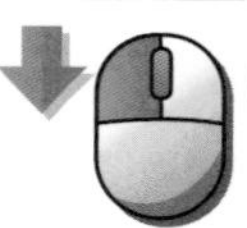
左クリック ▶P.013

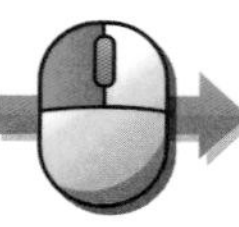
ドラッグ ▶P.014

入力 ▶P.016

1 計算結果を表示するセルを選択します

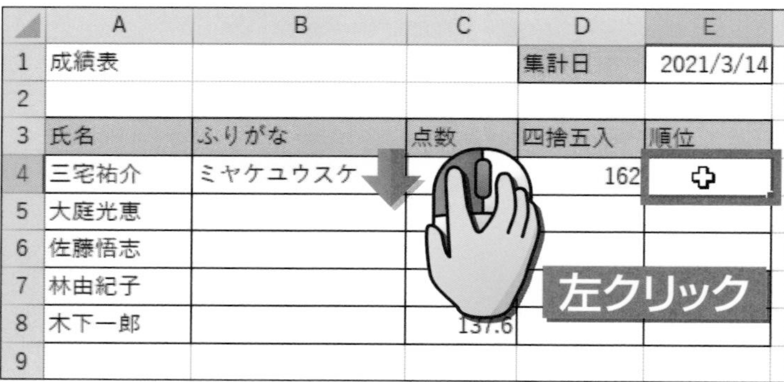

	A	B	C	D	E
1	成績表			集計日	2021/3/14
2					
3	氏名	ふりがな	点数	四捨五入	順位
4	三宅祐介	ミヤケユウスケ		162	
5	大庭光恵				
6	佐藤悟志				
7	林由紀子				
8	木下一郎		137.6		
9					

E4セルを

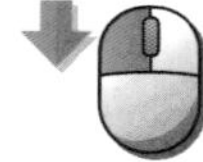
左クリックします。

ポイント！

ここでは、「点数」が大きい順に「1」からの順位をつけます。

B	C	D	E
		集計日	2021/3/14
がな	点数	四捨五入	順位
ケユウ		162	=

入力

「=」を

入力します。

ポイント！

入力モードアイコンが A になっていることを確認します。

2 RANK関数を入力します

B	C	D	E
		集計日	2021/3/14
がな	点数	四捨五入	順位
ケユウスケ	161.5	162	=rank(
	174.2		RANK(数値, 参
	[illegible]		
	[illegible]		
	[illegible]		

入力

続けて、「rank (」を

入力します。

ポイント!

入力する英字は、大文字でも小文字でもかまいません。

3 1つ目の引数を指定します

B	C	D	E
		集計日	2021/3/14
がな	点数	四捨五入	順位
ケユウスケ	161.5	162	=rank(
	174.2		RANK(数値, 参
	146.8		
	188.3		

左クリック

C4 セルを

左クリックします。

ポイント!

1つ目の引数には、順位のもとになる数値が入力されているセルを指定します。

4 「,」を入力します

B	C	D	E
		集計日	2021/3/14
がな	点数	四捨五入	順位
ケユウスケ	161.5	162	=rank(C4,
	174.2		RANK(数値, 参
	14		
	18		
	137.		

入力

「=rank(C4」と表示されます。

「,」(カンマ)を

入力します。

5 2つ目の引数を指定します

B	C	D	E
		集計日	2021/3/14
がな	点数	四捨五入	順位
ケユウスケ	161.5	162	=rank(C4,C4:C
	174.2		RANK(数値, 参
	146.8		
	188.3		
	137.6		
		5R x 1C	

ドラッグ

C4セルからC8セルを

ドラッグします。

ポイント!

2つ目の引数には、「点数」が入力されているセル範囲を指定します。

6 絶対参照に変更します

C	D	E	F	G
	集計日	2021/3/14		
点数	四捨五入	順位		
161.5	162	=rank(C4,C4:C8		
174.2		RANK(数値, 参照, [順序])		
146.8		F4		
188.3				
137.6				

「＝rank（C4,C4：C8」と表示されます。
続いて、

F4 キーを押します。

7 3つ目の引数を指定します

C	D	E	F	G
	集計日	2021/3/14		
点数	四捨五入	順位		
161.5	162	=rank(C4,$C$4:$C$8,0		
174.2		RANK(数値, 参照, [順序])		
146.8				(...)0 -
188.3				(...)1 -
137.6		入力		

「C4：C8」が「$C$4：$C$8」に変更されます。

「,」（カンマ）を

入力します。

「0」を

入力します。

8 RANK関数が入力できました

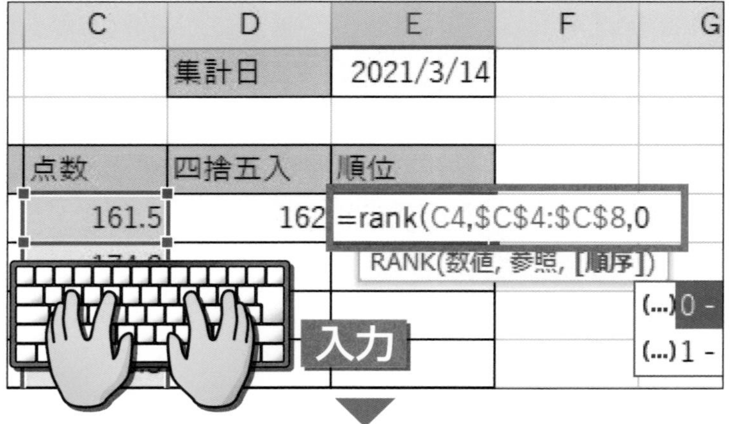

「＝rank（C4,$C$4：$C$8,0」と
表示されます。

「）」を

入力します。

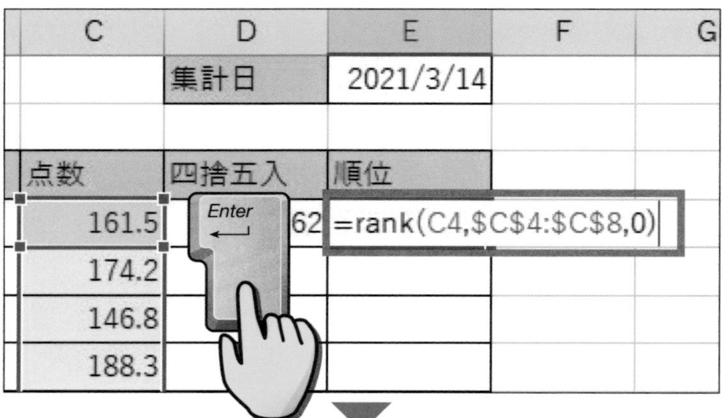

「＝rank（C4,$C$4：$C$8,0）」と
表示されたら、

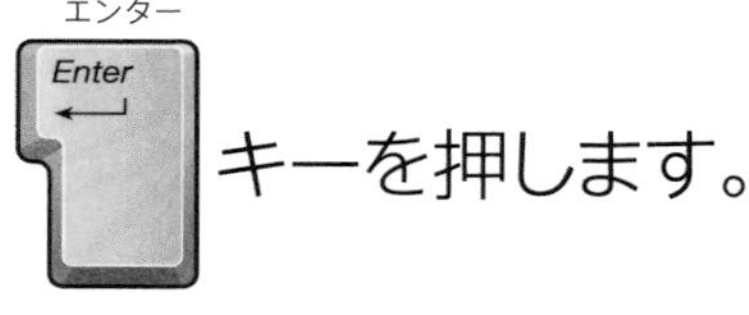

キーを押します。

C	D	E	F	G
	集計日	2021/3/14		
点数	四捨五入	順位		
161.5	162	3		
174.2				
146.8				
188.3				
137.6				

E4セルに、
C4セルの点数の
大きいほうからの順位
（「3」）が
表示されました。

9 数式をコピーします

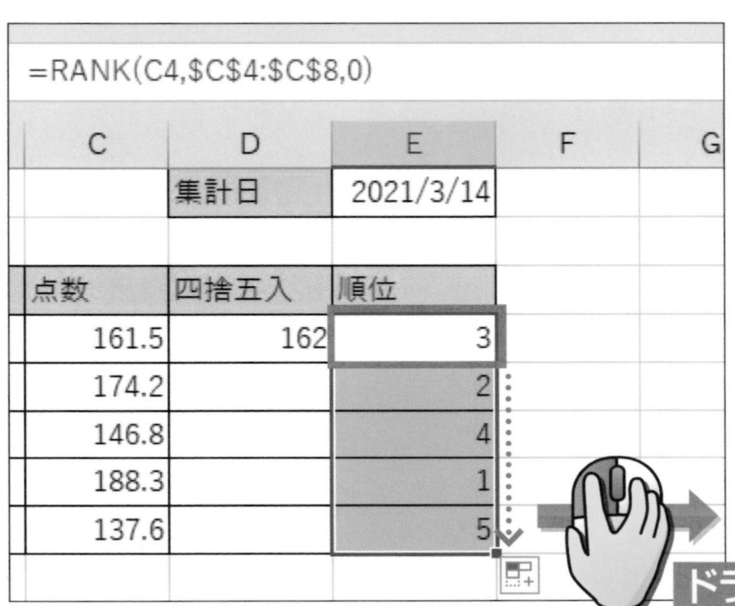

100ページの方法で、E4セルの数式をE5セルからE8セルまで

 ドラッグして、

コピーします。

コラム RANK関数とは

RANK（ランク）関数は、指定した数値が全体の中で**何番目か**を求める関数です。（）の中に、3つの引数を指定します。それぞれの引数の間を半角の「,」（カンマ）で区切ります。

= rank (C4 , $C$4:$C$8 , 0)

=	rank	C4	$C$4:$C$8	0
イコール	関数名	1つ目の引数	2つ目の引数	3つ目の引数
		もとの数値が入力されているセル	順位を求めたい数値が入力されているセル範囲	大きい順なら「0」小さい順なら「1」

第7章 練習問題

1 今日の日付を求める関数の名前を何といいますか?

❶ DATE
❷ TODAY
❸ DAY

2 ROUND関数はどのようなときに使いますか?

❶ 数値を四捨五入するとき
❷ 数値を切り捨てるとき
❸ 数値を切り上げるとき

3 以下の表で、A1セルのふりがなを表示する関数で正しいのはどれですか?

	A	B	C
1	青木一郎		
2			

❶ =PHONETIC(A1)
❷ =RANK(A1)
❸ =PHONETIC(青木一郎)

第8章 ちょっと難しい関数に挑戦しよう

この章で学ぶこと

- 条件に合うセルの合計を求められますか?
- 条件に合うセルの平均を求められますか?
- 条件に合うセルの個数を求められますか?

この章でやること 少し難しい関数

エクセルで使える関数はたくさんあります。
この章では、少し難しい関数に挑戦してみましょう。

SUM関数とSUMIF関数

合計を求めるSUM関数は、
引数で指定したセル範囲のすべての数値を合計します。
それに対してSUMIF関数は、条件に合った数値だけを合計します。

SUM関数

	A	B	C	D
1	注文品	数量		
2	紅茶	2		
3	珈琲	3		
4	紅茶	2		
5	珈琲	1		
6	珈琲	3		
7	合計	11		
8				

引数のセル範囲の数値をすべて合計する

SUMIF関数

	A	B	C	D
1	注文品	数量		
2	紅茶	2		
3	珈琲	3		
4	紅茶	2		
5	珈琲	1		
6	珈琲	3		
7	珈琲合計	7		
8				

条件に合ったセルの数値（ここでは「珈琲」）だけを合計する

AVERAGE関数とAVERAGEIF関数

平均を求めるAVERAGE関数は、
引数で指定したセル範囲のすべての数値の平均を求めます。
AVERAGEIF関数は、**条件に合った数値の平均**を求めます。

● AVERAGE関数

	A	B	C	D	E
1	クラス	点数			
2	A組	85			
3	B組	75			
4	A組	95			
5	A組	80			
6	B組	68			
7	平均点	80.6			
8					

引数のセル範囲のすべての数値の平均を求める

● AVERAGEIF関数

	A	B	C	D
1	クラス	点数		
2	A組	85		
3	B組	75		
4	A組	95		
5	A組	80		
6	B組	68		
7	A組平均点	86.66667		
8				

条件に合ったセルの数値（ここでは「A組」）だけの平均点を求める

COUNT関数とCOUNTIF関数

数値の個数を求めるCOUNT関数は、
引数で指定したセル範囲の数値のセルの個数を求めます。
COUNTIF関数は、**条件に合ったセルの個数**を求めます。

● COUNT関数

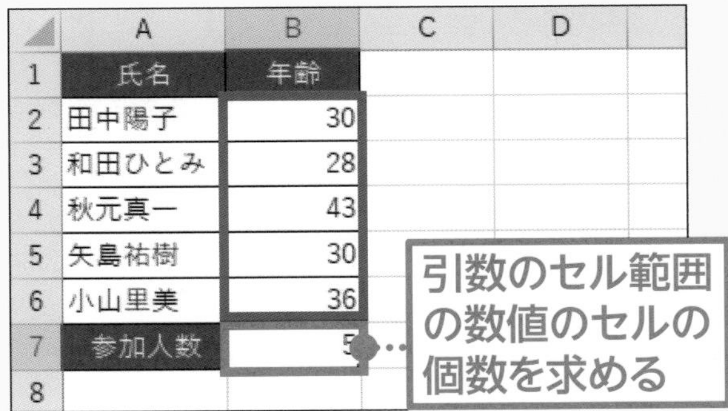

	A	B	C	D
1	氏名	年齢		
2	田中陽子	30		
3	和田ひとみ	28		
4	秋元真一	43		
5	矢島祐樹	30		
6	小山里美	36		
7	参加人数	5		
8				

● COUNTIF関数

	A	B	C	D
1	氏名	年齢		
2	田中陽子	30		
3	和田ひとみ	28		
4	秋元真一	43		
5	矢島祐樹	30		
6	小山里美	36		
7	30歳人数	2		
8				

条件に合ったセルの個数（ここでは「30」）だけを求める

この章で使う表を作成しよう

この章では「ネットショップ売上表」を使って、少し難しい関数を作成します。
ネットショップ売上表は、以下の手順で作成します。

この章で使う表

この章で使う「ネットショップ売上表」をいちから作ってみましょう。

	A	B	C	D	E	F	G
1	ネットショップ注文一覧						
2	名前	種別	金額		会員合計		
3	山野雄太	会員	5,500		会員平均		
4	篠原大樹	ゲスト	10,600		会員人数		
5	塚田菜緒	会員	5,200				
6	大島雄太郎	会員	15,800				
7	渡辺新	会員	5,300				
8	笹野優佳	ゲスト	10,200				
9	野村亜理紗	ゲスト	5,500				
10	飯田健	会員	3,800				
11	中野吾郎	会員	12,400				
12	斎藤沙希	会員	10,900				
13	山本亮	ゲスト	19,500				
14							

左の表をよく見て、エクセルで同じ表を作成しておきましょう！

❶ 文字と数値を入力する
❷ 数値に3桁ごとの「,」（カンマ）をつける
❸ 見出しのセルに色をつける
❹ 表全体に格子の罫線を引く
❺ ファイルに名前をつけて保存する

 表の作り方

❶ 下のように、文字と数値を入力します。

	A	B	C	D	E	F
1	ネットショップ注文一覧					
2	名前	種別	金額		会員合計	
3	山野雄太	会員	5,500		会員平均	
4	篠原大樹	ゲスト	10,600		会員人数	
5	塚田菜緒	会員	5,200			
6	大島雄太郎	会員	15,800			
7	渡辺新	会員	5,300			
8	笹野優佳	ゲスト	10,200			
9	野村亜理紗	ゲスト	5,500			
10	飯田健	会員	3,800			
11	中野吾郎	会員	12,400			
12	斎藤沙希	会員	10,900			
13	山本亮	ゲスト	19,500			
14						

❷ C3セルからC13セルと、F2セルからF4セルに 桁区切りスタイル を設定して、「,」（カンマ）をつけます。

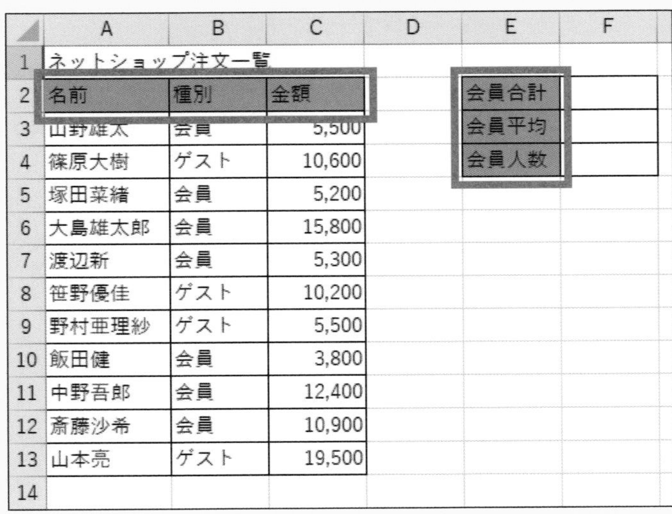

	A	B	C	D	E	F
1	ネットショップ注文一覧					
2	名前	種別	金額		会員合計	
3	山野雄太	会員	5,500		会員平均	
4	篠原大樹	ゲスト	10,600		会員人数	
5	塚田菜緒	会員	5,200			
6	大島雄太郎	会員	15,800			
7	渡辺新	会員	5,300			
8	笹野優佳	ゲスト	10,200			
9	野村亜理紗	ゲスト	5,500			
10	飯田健	会員	3,800			
11	中野吾郎	会員	12,400			
12	斎藤沙希	会員	10,900			
13	山本亮	ゲスト	19,500			
14						

❸ A2セルからC2セルと、E2セルからE4セルの見出しに 塗りつぶしの色 を設定します。

❹ 表全体に 罫線 から「格子」の罫線を引きます。

❺「ネットショップ売上表」と名前をつけて保存します。

条件に合ったデータの合計を求めよう

条件に合った合計を計算するときは、SUMIF（サムイフ）関数を使います。「会員」だけの購入金額の合計を表示します。

1 計算結果を表示するセルを選択します

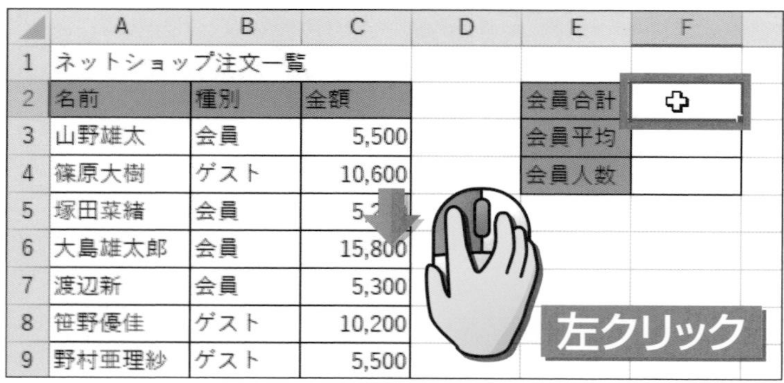

	A	B	C	D	E	F
1	ネットショップ注文一覧					
2	名前	種別	金額		会員合計	
3	山野雄太	会員	5,500		会員平均	
4	篠原大樹	ゲスト	10,600		会員人数	
5	塚田菜緒	会員	5,2			
6	大島雄太郎	会員	15,800			
7	渡辺新	会員	5,300			
8	笹野優佳	ゲスト	10,200			
9	野村亜理紗	ゲスト	5,500			

F2セルを

左クリックします。

ポイント!

ここでは、「会員」だけの金額の合計をF2セルに表示します。

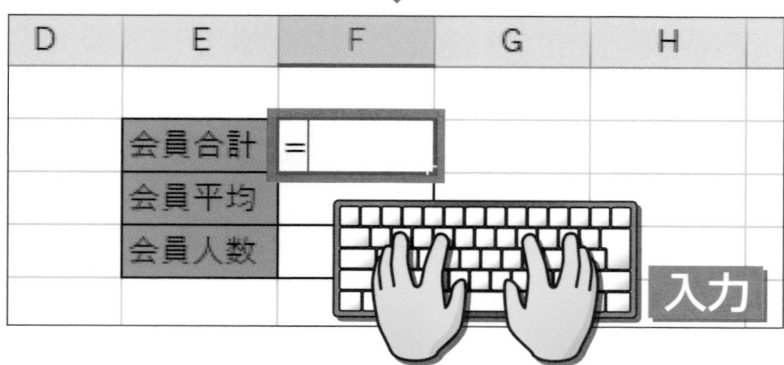

D	E	F	G	H
	会員合計	=		
	会員平均			
	会員人数			

「=」を入力します。

ポイント!

入力モードアイコンが A になっていることを確認します。

2 SUMIF関数を入力します

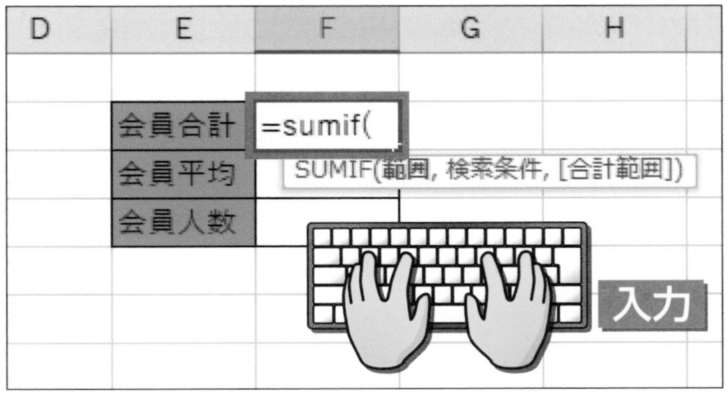

続けて、

「sumif (」を

入力します。

ポイント!

「(」は Shift キーを押しながら 8(ゆ)キーを押して、入力します。

3 1つ目の引数を指定します

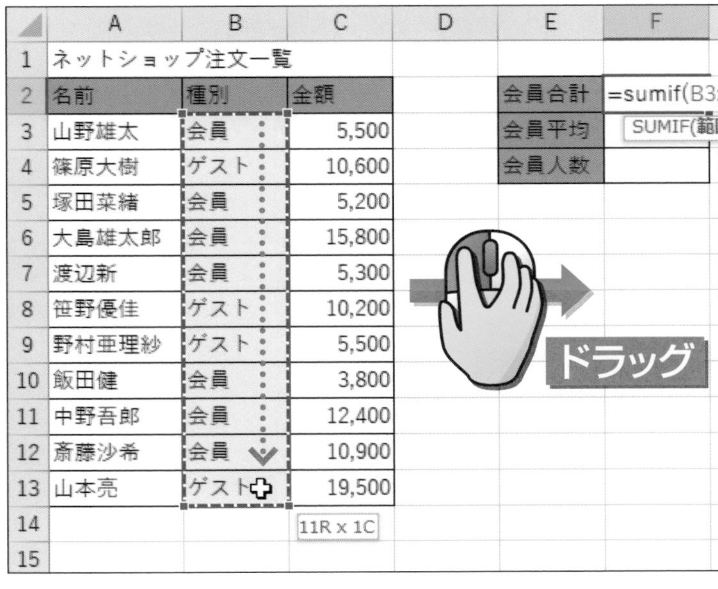

B3セルからB13セルを

ドラッグします。

ポイント!

1つ目の引数には、条件(ここでは「種別」)が入力されているセル範囲を指定します。

4 「,」を入力します

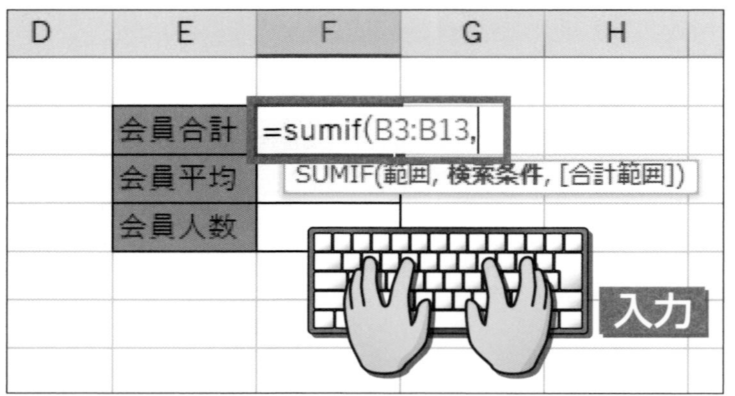

「=sumif(B3:B13」と表示されます。

「,」(カンマ)を

入力します。

5 2つ目の引数を指定します

	A	B	C	D	E	F
1	ネットショップ注文一覧					
2	名前	種別	金額		会員合計	=sumif(B3:
3	山野雄太	会員	5,[illegible]		会員平均	SUMIF(範
4	篠原大樹	ゲスト	10,600		会員人数	
5	塚田菜緒	会員	5,200			
6	大島雄太郎	会員	15,800			
7	渡辺新	会員	5,300			
8	笹野優佳	ゲスト	10,200			
9	野村亜理紗	ゲスト	5,500			
10	飯田健	会員	3,800			
11	中野吾郎	会員	12,400			
12	斎藤沙希	会員	10,900			
13	山本亮	ゲスト	19,500			
14						
15						

B3セルを

左クリックします。

ポイント!

次の引数には、条件となる「会員」と入力されているセルを指定します。「会員」と入力されているセルであれば、他のセルでもかまいません。

6 「,」を入力します

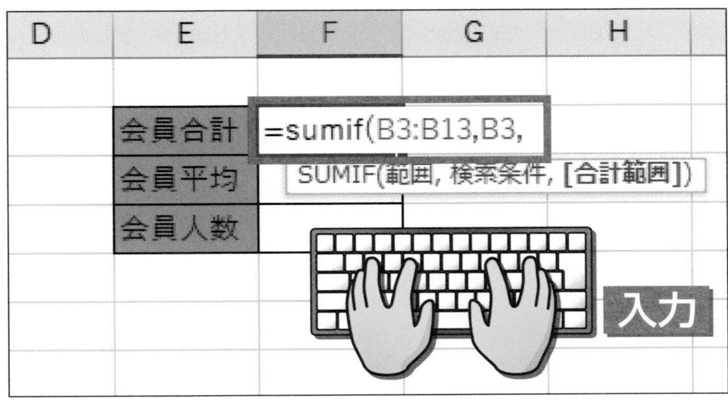

「＝sumif（B3：B13,B3」と表示されます。

「,」（カンマ）を入力します。

7 3つ目の引数を指定します

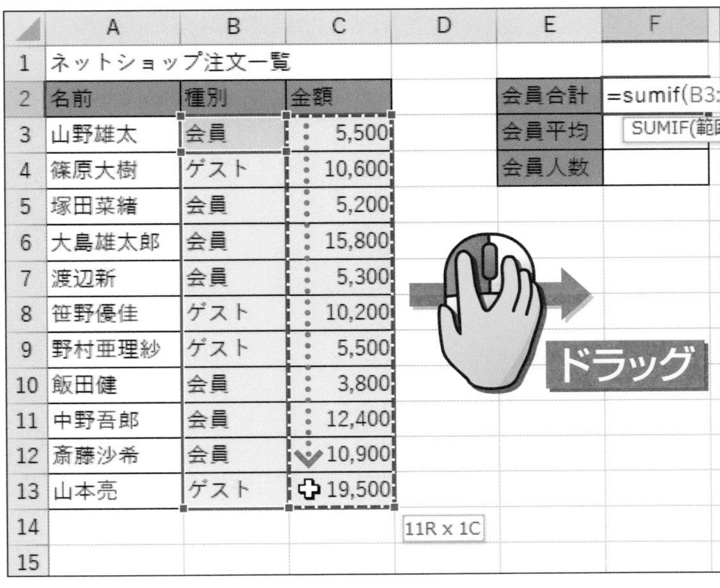

	A	B	C	D	E	F
1	ネットショップ注文一覧					
2	名前	種別	金額		会員合計	=sumif(B3:
3	山野雄太	会員	5,500		会員平均	SUMIF(範
4	篠原大樹	ゲスト	10,600		会員人数	
5	塚田菜緒	会員	5,200			
6	大島雄太郎	会員	15,800			
7	渡辺新	会員	5,300			
8	笹野優佳	ゲスト	10,200			
9	野村亜理紗	ゲスト	5,500			
10	飯田健	会員	3,800			
11	中野吾郎	会員	12,400			
12	斎藤沙希	会員	10,900			
13	山本亮	ゲスト	19,500			
14				11R x 1C		
15						

C3セルからC13セルを

しします。

ポイント！

3つ目の引数には、合計したい数値が入力されているセル範囲を指定します。

8 「)」を入力します

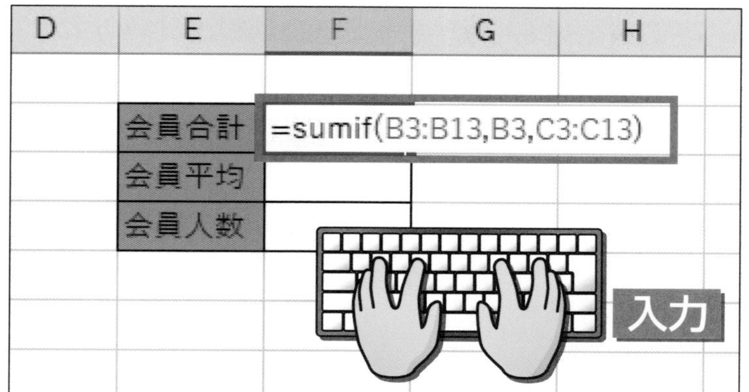

「＝sumif(B3：B13,
B3,C3：C13」と
表示されます。

「)」を

入力します。

ポイント!

「)」は Shift キーを押しながら よ(よ)キーを押して、入力します。

9 Enter キーを押します

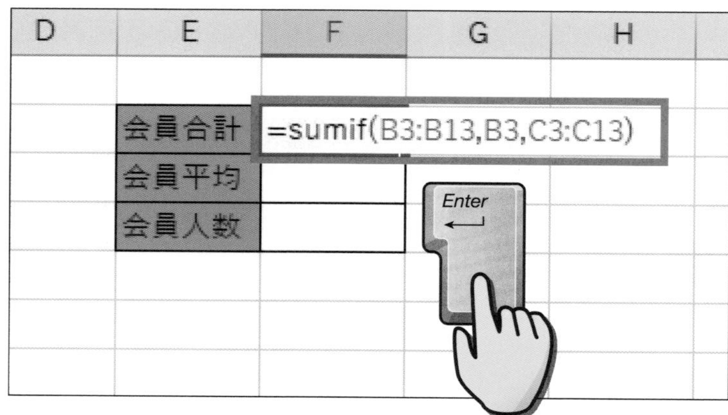

「＝sumif(B3：B13,
B3,C3：C13)」と
表示されたら、

エンター

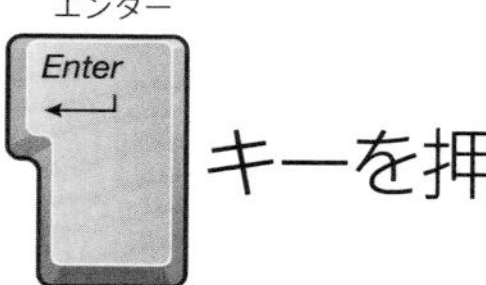

キーを押します。

10 SUMIF関数が入力できました

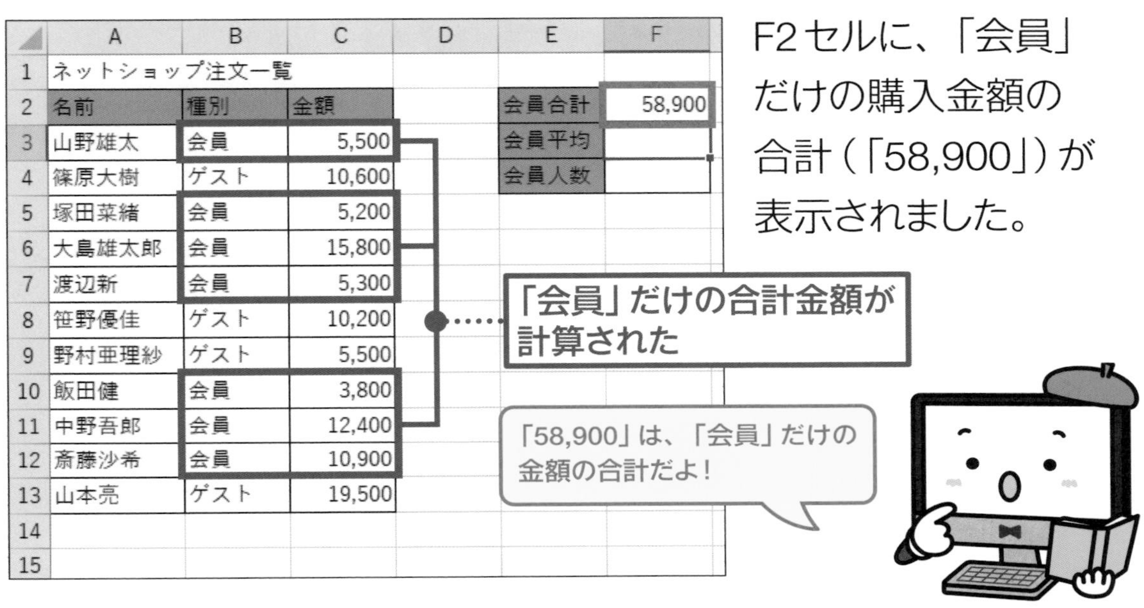

	A	B	C	D	E	F
1	ネットショップ注文一覧					
2	名前	種別	金額		会員合計	58,900
3	山野雄太	会員	5,500		会員平均	
4	篠原大樹	ゲスト	10,600		会員人数	
5	塚田菜緒	会員	5,200			
6	大島雄太郎	会員	15,800			
7	渡辺新	会員	5,300			
8	笹野優佳	ゲスト	10,200			
9	野村亜理紗	ゲスト	5,500			
10	飯田健	会員	3,800			
11	中野吾郎	会員	12,400			
12	斎藤沙希	会員	10,900			
13	山本亮	ゲスト	19,500			
14						
15						

F2セルに、「会員」だけの購入金額の合計（「58,900」）が表示されました。

コラム SUMIF関数とは

SUMIF（サムイフ）関数は、**条件に合った数値の合計**を求める関数です。（ ）の中に、3つの引数を指定します。
それぞれの引数の間を半角の「,」（カンマ）で区切ります。

= sumif (B3:B13 , B3 , C3:C13)

- = ：イコール
- sumif ：関数名
- B3:B13 ：1つ目の引数　条件が入力されているセル範囲
- B3 ：2つ目の引数　条件となるセル
- C3:C13 ：3つ目の引数　合計する数値が入力されているセル範囲

条件に合ったデータの平均を求めよう

条件に合った平均を計算するときは、AVERAGEIF（アベレージイフ）関数を使います。「会員」だけの購入金額の平均額を求めます。

1 計算結果を表示するセルを選択します

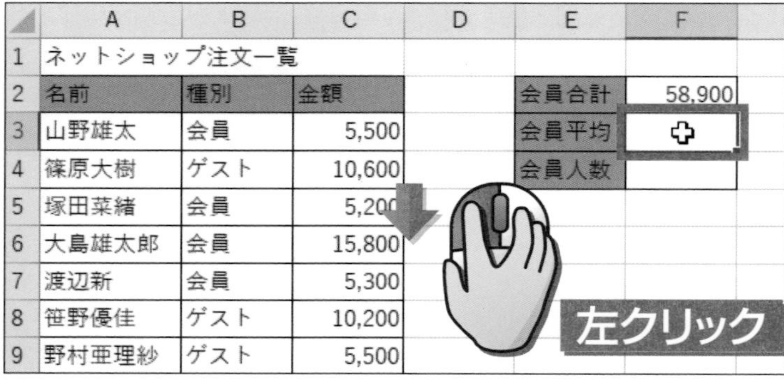

	A	B	C	D	E	F
1	ネットショップ注文一覧					
2	名前	種別	金額		会員合計	58,900
3	山野雄太	会員	5,500		会員平均	
4	篠原大樹	ゲスト	10,600		会員人数	
5	塚田菜緒	会員	5,200			
6	大島雄太郎	会員	15,800			
7	渡辺新	会員	5,300			
8	笹野優佳	ゲスト	10,200			
9	野村亜理紗	ゲスト	5,500			

F3セルを左クリックします。

ここでは、「会員」だけの金額の平均をF3セルに表示します。

D	E	F	G	H
	会員合計	58,900		
	会員平均	=		
	会員人数			

「=」を入力します。

入力モードアイコンが A になっていることを確認します。

2 AVERAGEIF関数を入力します

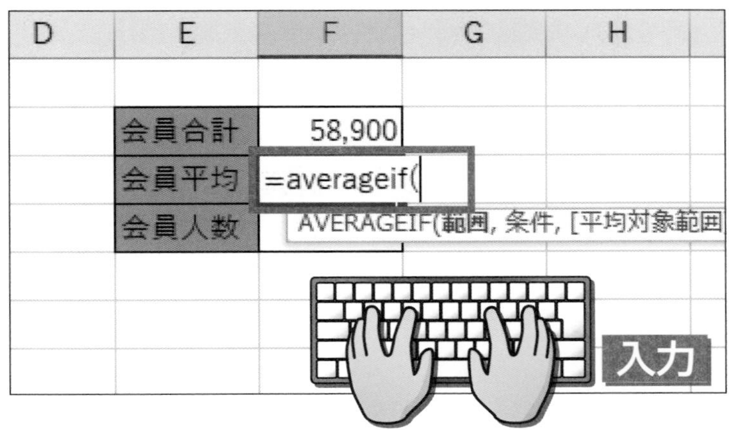

続けて、

「averageif (」を

ポイント!

「(」は Shift キーを押しながら (ゆ)キーを押して、入力します。

3 1つ目の引数を指定します

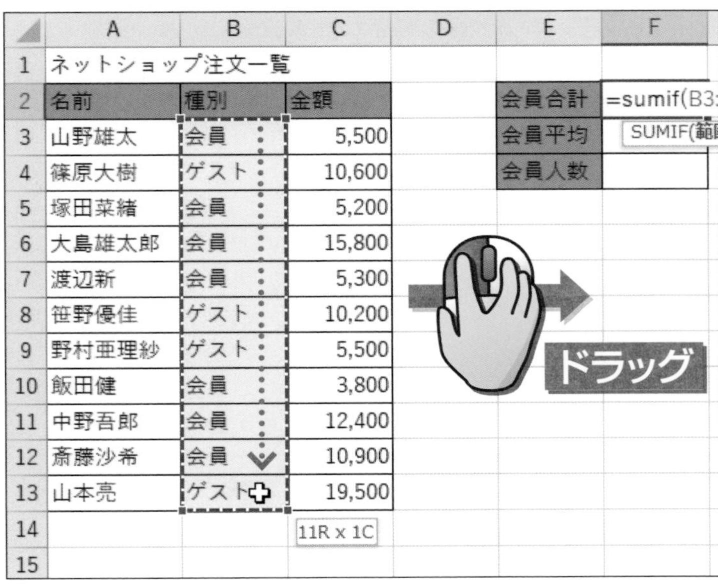

	A	B	C	D	E	F
1	ネットショップ注文一覧					
2	名前	種別	金額		会員合計	=sumif(B3:
3	山野雄太	会員	5,500		会員平均	SUMIF(範
4	篠原大樹	ゲスト	10,600		会員人数	
5	塚田菜緒	会員	5,200			
6	大島雄太郎	会員	15,800			
7	渡辺新	会員	5,300			
8	笹野優佳	ゲスト	10,200			
9	野村亜理紗	ゲスト	5,500			
10	飯田健	会員	3,800			
11	中野吾郎	会員	12,400			
12	斎藤沙希	会員	10,900			
13	山本亮	ゲスト	19,500			
14			11R x 1C			
15						

B3セルからB13セルを

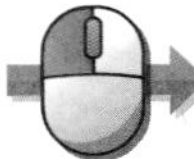
ドラッグします。

ポイント!

1つ目の引数には、条件(ここでは「種別」)が入力されているセル範囲を指定します。

4 「,」を入力します

「＝averageif（B3：B13」と表示されます

「,」（カンマ）を

5 2つ目の引数を指定します

	A	B	C	D	E	F
1	ネットショップ注文一覧					
2	名前	種別	金額		会員合計	58,900
3	山野雄太	会員	[illegible]		会員平均	=averageif(
4	篠原大樹	ゲスト	10,600		会員人数	AVERAGEI
5	塚田菜緒	会員	5,200			
6	大島雄太郎	会員	15,800			
7	渡辺新	会員	5,300			
8	笹野優佳	ゲスト	10,200			
9	野村亜理紗	ゲスト	5,500			
10	飯田健	会員	3,800			
11	中野吾郎	会員	12,400			
12	斎藤沙希	会員	10,900			
13	山本亮	ゲスト	19,500			
14						
15						

B3セルを

ポイント！

2つ目の引数には、条件となる「会員」と入力されているセルを指定します。「会員」と入力されているセルであれば、他のセルでもかまいません。

6 「,」を入力します

「=averageif(B3:B13,B3」と表示されます。

「,」(カンマ)を入力します。

7 3つ目の引数を指定します

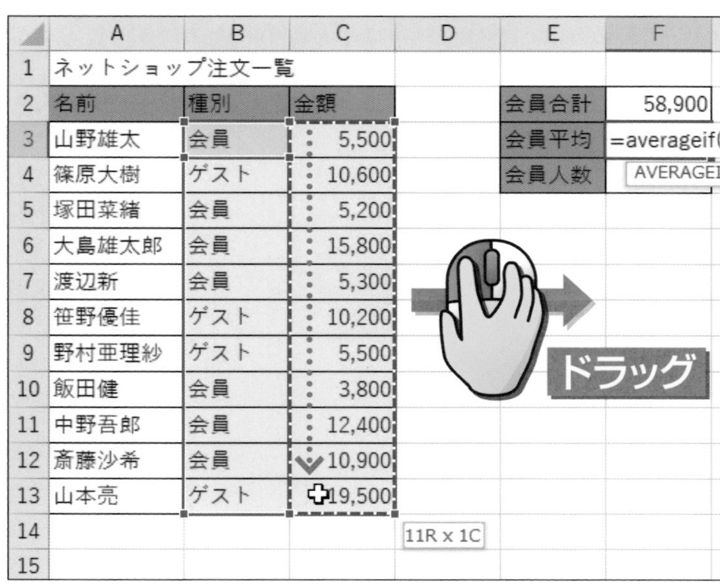

C3セルからC13セルを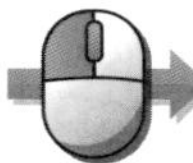ドラッグします。

ポイント!

3つ目の引数には、平均を求めたい数値が入力されているセル範囲を指定します。

8 「)」を入力します

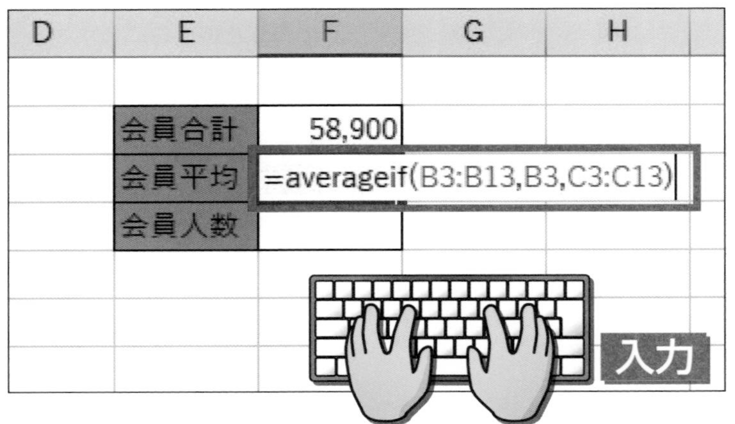

「＝averageif（B3：B13,B3,C3：C13」と表示されます。

「)」を

入力します。

ポイント！

「)」は Shift キーを押しながら よ（よ）キーを押して、入力します。

9 Enter キーを押します

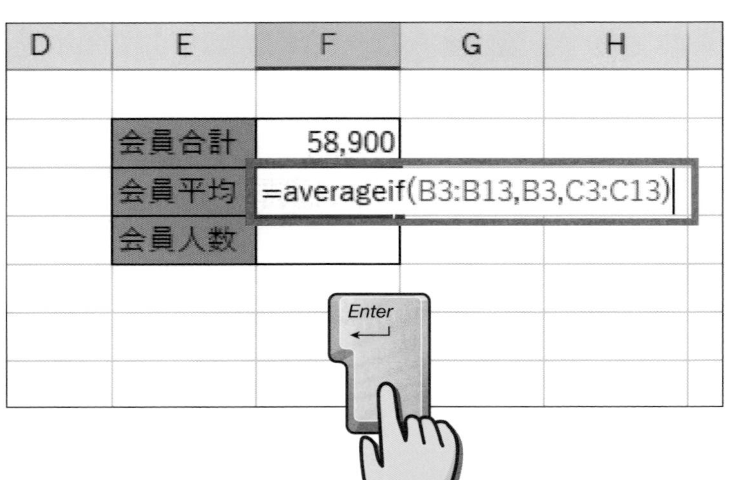

「＝averageif（B3：B13,B3,C3：C13）」と表示されたら、

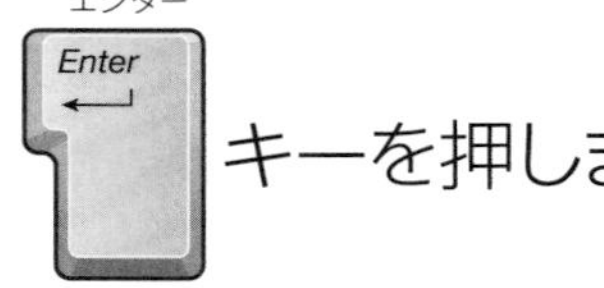

キーを押します。

10 AVERAGEIF関数が入力できました

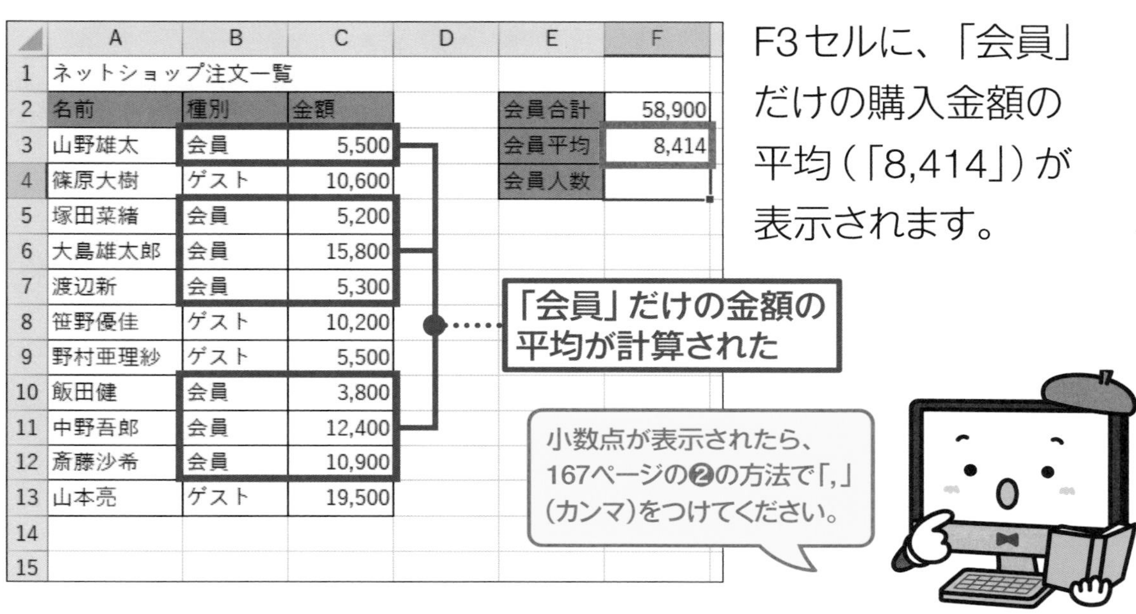

F3セルに、「会員」だけの購入金額の平均（「8,414」）が表示されます。

コラム AVERAGEIF関数とは

AVERAGEIF（アベレージイフ）関数は、**条件に合った数値の平均**を求める関数です。( )の中に、3つの引数を指定します。それぞれの引数の間を半角の「,」（カンマ）で区切ります。

= averageif (B3:B13 , B3 , C3:C13)

- イコール：=
- 関数名：averageif
- 1つ目の引数：B3:B13　条件が入力されているセル範囲
- 2つ目の引数：B3　条件となるセル
- 3つ目の引数：C3:C13　平均する数値が入力されているセル範囲

条件に合ったデータの個数を求めよう

条件に合ったセルの個数は、COUNTIF（カウントイフ）関数で求められます。「会員」だけの人数を求めます。

1 計算結果を表示するセルを選択します

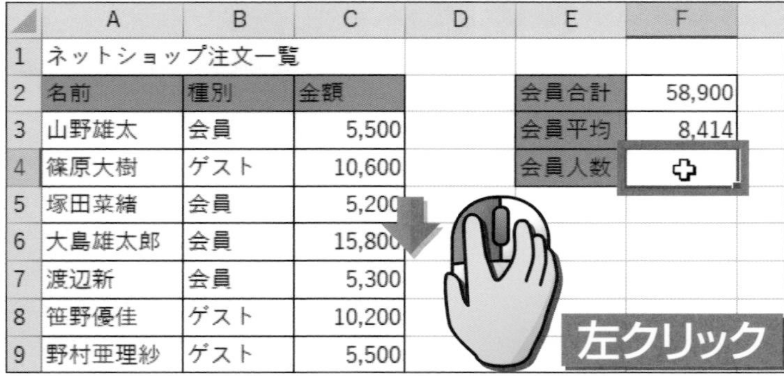

	A	B	C	D	E	F
1	ネットショップ注文一覧					
2	名前	種別	金額		会員合計	58,900
3	山野雄太	会員	5,500		会員平均	8,414
4	篠原大樹	ゲスト	10,600		会員人数	
5	塚田菜緒	会員	5,200			
6	大島雄太郎	会員	15,800			
7	渡辺新	会員	5,300			
8	笹野優佳	ゲスト	10,200			
9	野村亜理紗	ゲスト	5,500			

F4セルを左クリックします。

ポイント！
ここでは、「会員」だけのセルの個数をF4セルに表示します。

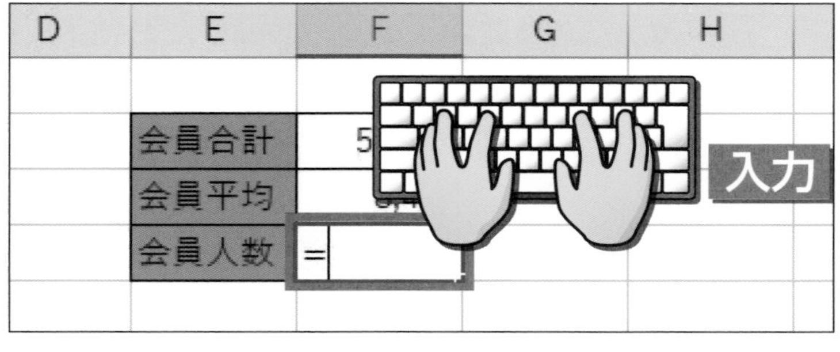

「=」を入力します。

ポイント！
入力モードアイコンがAになっていることを確認します。

2 COUNTIF関数を入力します

D	E	F	G	H
	会員合計	58,900		
	会員平均	8,414		
	会員人数	=countif(		
		COUNTIF(範囲, 検索条件)		

続けて、

「countif (」を

入力します。

ポイント!

「(」は Shift キーを押しながら 8(ゆ)キーを押して、入力します。

3 1つ目の引数を指定します

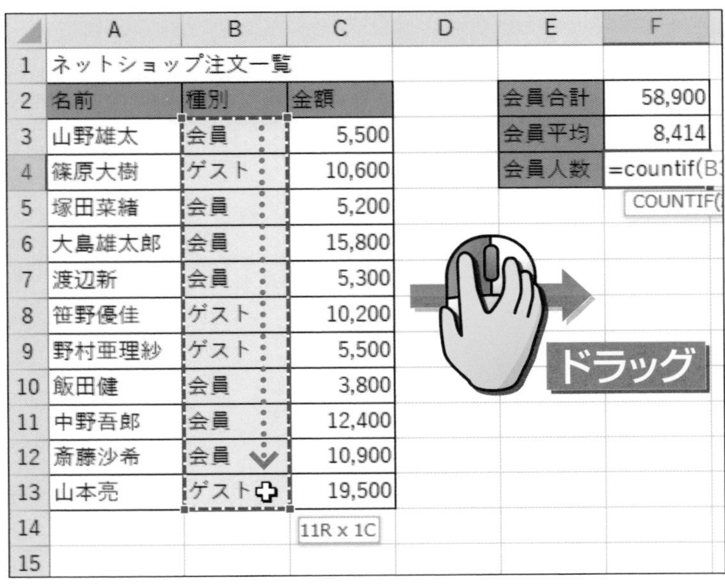

	A	B	C	D	E	F
1	ネットショップ注文一覧					
2	名前	種別	金額		会員合計	58,900
3	山野雄太	会員	5,500		会員平均	8,414
4	篠原大樹	ゲスト	10,600		会員人数	=countif(B3
5	塚田菜緒	会員	5,200			COUNTIF(
6	大島雄太郎	会員	15,800			
7	渡辺新	会員	5,300			
8	笹野優佳	ゲスト	10,200			
9	野村亜理紗	ゲスト	5,500			
10	飯田健	会員	3,800			
11	中野吾郎	会員	12,400			
12	斎藤沙希	会員	10,900			
13	山本亮	ゲスト	19,500			
14			11R x 1C			
15						

B3セルからB13セルを

ドラッグします。

ポイント!

1つ目の引数には、条件（ここでは「種別」）が入力されているセル範囲を指定します。

4 2つ目の引数を指定します

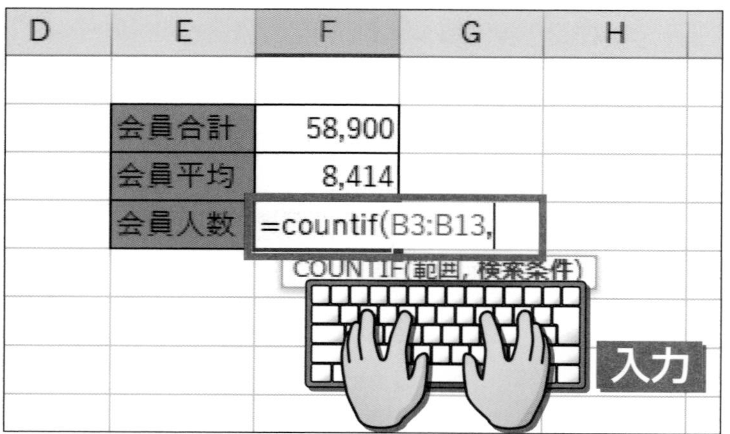

「=countif(B3:B13」と表示されます。

「,」(カンマ)を

入力します。

B3セルを

左クリックします。

ポイント!

2つ目の引数には、条件となる「会員」と入力されているセルを指定します。

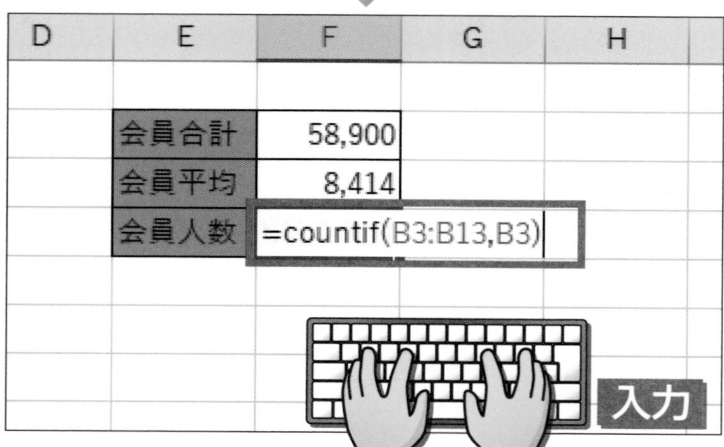

「=countif(B3:B13,B3」と表示されます。

「)」を

入力します。

ポイント!

「)」は Shift キーを押しながら よ(よ)キーを押して、入力します。

5 COUNTIF関数が入力できました

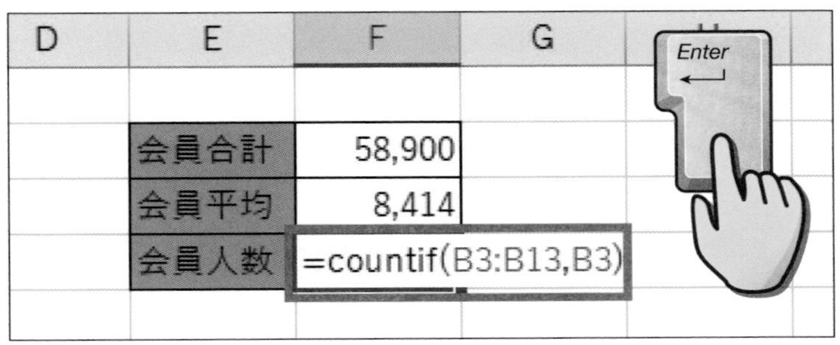

「＝countif（B3：B13, B3）」と表示されたら、

エンター
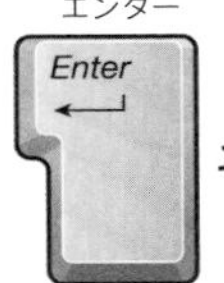

キーを押します。

	A	B	C	D	E	F
1	ネットショップ注文一覧					
2	名前	種別	金額		会員合計	58,900
3	山野雄太	会員	5,500		会員平均	8,414
4	篠原大樹	ゲスト	10,600		会員人数	7
5	塚田菜緒	会員	5,200			
6	大島雄太郎	会員	15,800			
7	渡辺新	会員	5,300			

F4セルに、
「会員」の人数（「7」）が
表示されます。

コラム COUNTIF関数とは

COUNTIF（カウントイフ）関数は、**条件に合ったセルの個数**を求める関数です。（）の中に、2つの引数を指定します。
引数の間を半角の「,」（カンマ）で区切ります。

イコール　関数名　1つ目の引数　2つ目の引数

1つ目の引数：条件が入力されているセル範囲

2つ目の引数：条件となるセル

第8章 練習問題

1 条件に合ったデータの合計を求める関数の名前を何といいますか?

❶ SUM
❷ IFSUM
❸ SUMIF

2 複数の引数を区切るときに使う記号はどれですか?

❶ ,（カンマ）
❷ :（コロン）
❸ ;（セミコロン）

3 COUNTIF関数はどのような時に使いますか?

❶ 数値のセルの個数を求めるとき
❷ 条件に合った数値の平均を求めるとき
❸ 条件に合ったセルの個数を求めるとき

第9章
数式のエラーを知ろう

この章で学ぶこと

- 数式のエラーを修正できますか?
- 「####」が表示される原因を知っていますか?
- 循環参照のエラーを知っていますか?
- セルの左上の緑色の印の意味を知っていますか?

この章でやること 数式のエラー

エクセルで数式を入力すると、エラーが表示される場合があります。
この章では、代表的なエラーの意味と対応方法を覚えましょう。

どうしてエラーが表示されるの?

四則演算や関数は、エクセルで決められたルール通りに入力します。ルールを守らないと、エラーが表示されます。

	A	B	
1	10		
2	5		
3	30		
4	25		
5	=SAM(A1:A4)		
6			

関数の名前を間違えると…

▶

	A	B	
1	10		
2	5		
3	30		
4	25		
5	#NAME?		
6			

エラーが表示される

代表的なエラーの種類

エクセルで表示されるエラーには、たくさんの種類があります。
ここでは、よく見かけるエラーと、その意味を解説します。

セルに表示されるエラー	エラーの意味	ページ数
####	**セルの列幅**が不足している	188 ページ
#NAME?	**関数の名前**が間違っている	190 ページ
#DIV/0!	**「0」で割り算**をしている	192 ページ
#REF!	数式で参照しているセルが**存在しない**	194 ページ
#VALUE!	数式で参照するセルが**間違っている**	198 ページ
循環参照	数式内に**自身のセル**が指定されている	204 ページ
緑の三角記号	**エラーの可能性**があるセルの左上に表示される	210 ページ

ここから先は、表を作成するのではなく、エラーが表示されたときに、該当する解説を読んで対応してください！

「####」が表示された

セルに「####」が表示される場合は、列幅が不足しています。
列幅を広げると、計算結果が表示されます。

1 エラーを確認します

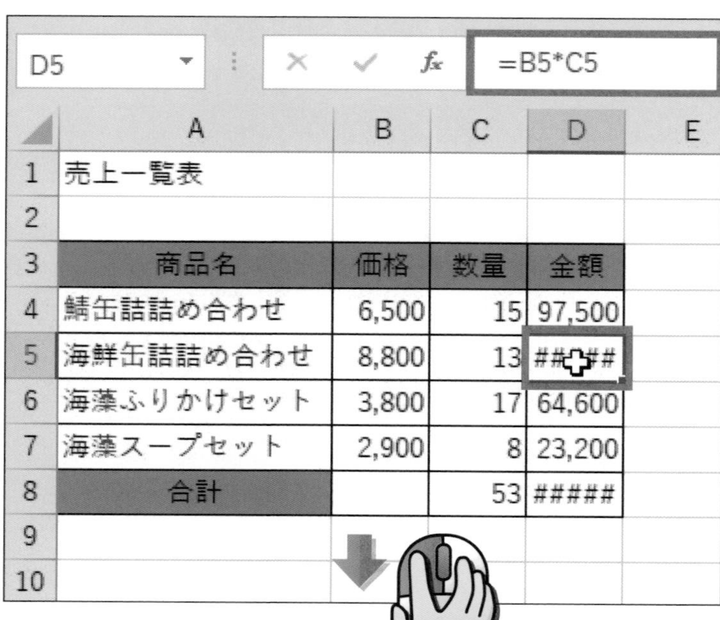

D5 =B5*C5

	A	B	C	D	E
1	売上一覧表				
2					
3	商品名	価格	数量	金額	
4	鯖缶詰詰め合わせ	6,500	15	97,500	
5	海鮮缶詰詰め合わせ	8,800	13	#####	
6	海藻ふりかけセット	3,800	17	64,600	
7	海藻スープセット	2,900	8	23,200	
8	合計		53	#####	
9					
10					

「####」が表示されているD5セルを

左クリックします。

数式バーには、「＝B5＊C5」と表示されます。

2 列幅を広げてエラーを消します

	A	B	C	D	E
1	売上一覧表				
2					
3	商品名	価格	数量	金額	
4	鯖缶詰詰め合わせ	6,500	15	97,500	
5	海鮮缶詰詰め合わせ	8,800	13	#####	
6	海藻ふりかけセット	3,800	17	64,600	
7	海藻スープセット	2,900	8	23,200	
8	合計		53	#####	
9					

D の

右側の縦線に

カーソル を移動します。

	A	B	C	D	E
1	売上一覧表				
2					
3	商品名	価格	数量	金額	
4	鯖缶詰詰め合わせ	6,500	15	97,500	
5	海鮮缶詰詰め合わせ	8,800	13	#####	
6	海藻ふりかけセット	3,800	17	64,600	
7	海藻スープセット	2,900	8	23,200	
8	合計		53	#####	
9					

ダブルクリック

カーソル

が に変わったら、

します。

	A	B	C	D	E
1	売上一覧表				
2					
3	商品名	価格	数量	金額	
4	鯖缶詰詰め合わせ	6,500	15	97,500	
5	海鮮缶詰詰め合わせ	8,800	13	114,400	
6	海藻ふりかけセット	3,800	17	64,600	
7	海藻スープセット	2,900	8	23,200	
8	合計		53	299,700	
9					

D列の列幅が自動的に広がりました。

その結果、
D5セルの「####」が消えて、数字が正しく表示されました。

「#NAME?」が表示された

数式を入力したセルに「#NAME?」が表示される場合は、関数の名前が間違っています。

操作  左クリック ▶P.013  入力 ▶P.016

1 エラーを確認します

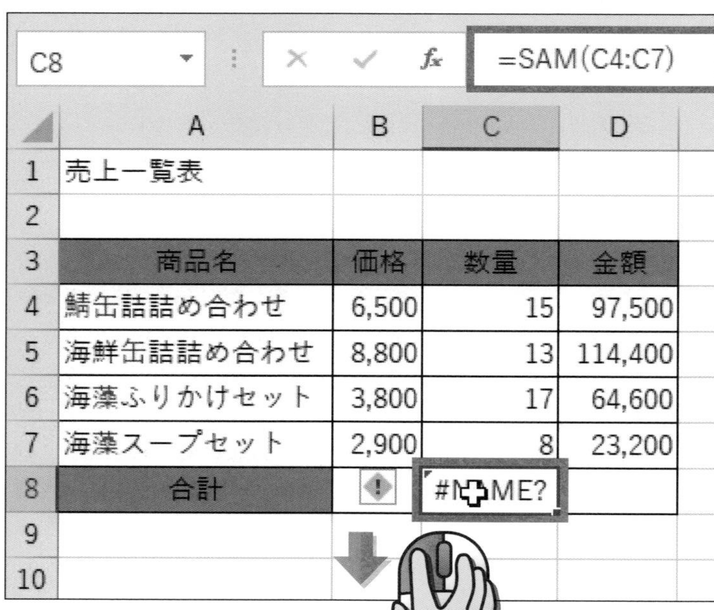

C8 =SAM(C4:C7)

	A	B	C	D
1	売上一覧表			
2				
3	商品名	価格	数量	金額
4	鯖缶詰詰め合わせ	6,500	15	97,500
5	海鮮缶詰詰め合わせ	8,800	13	114,400
6	海藻ふりかけセット	3,800	17	64,600
7	海藻スープセット	2,900	8	23,200
8	合計		#NAME?	
9				
10				

「#NAME?」が表示されているC8セルを  左クリックします。

ポイント！

関数の名前が間違っているので、SAMをSUMに修正します。なお、関数は小文字でも大文字でも正しく計算できます。

2 関数名を修正してエラーを消します

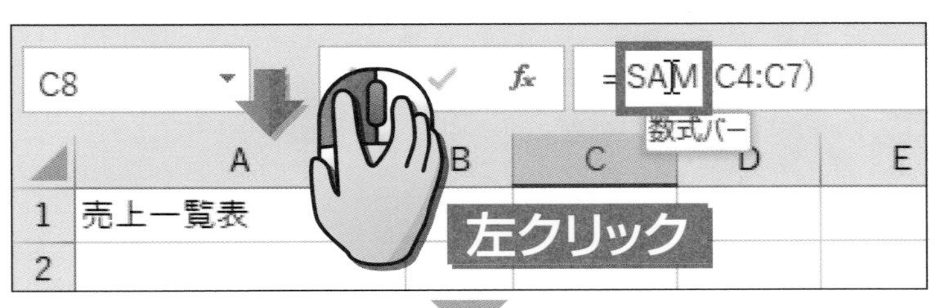

数式バーの「A」の右側を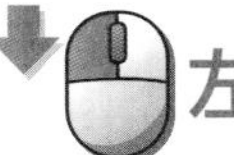左クリックします。

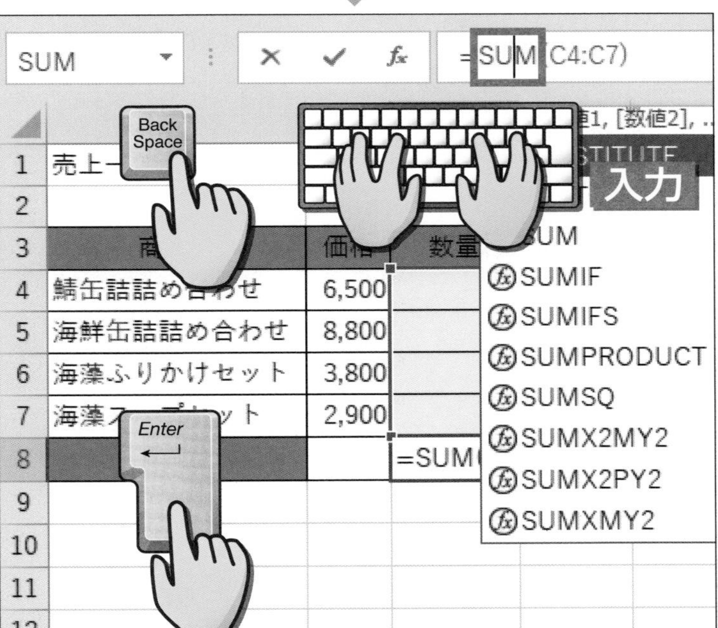

バックスペース
Back Space キーを1回押して、「A」を削除します。

「U」を入力します。

エンター
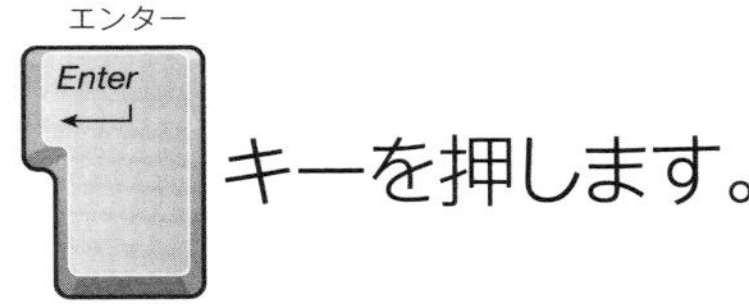キーを押します。

	A	B	C	D	E
1	売上一覧表				
2					
3	商品名	価格	数量	金額	
4	鯖缶詰詰め合わせ	6,500	15	97,500	
5	海鮮缶詰詰め合わせ	8,800	13	114,400	
6	海藻ふりかけセット	3,800	17	64,600	
7	海藻スープセット	2,900	8	23,200	
8	合計		53		
9					

関数名を修正できたので、C8セルに正しい計算結果が表示されました。

「#DIV/0!」が表示された

数式を入力したセルに「#DIV/0!」が表示される場合は、「0」で割り算を行っていることが原因です。

操作

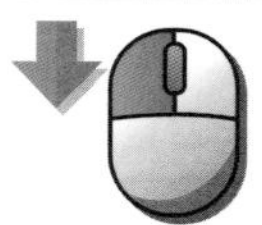

左クリック

▶P.013

入力

▶P.016

1 エラーを確認します

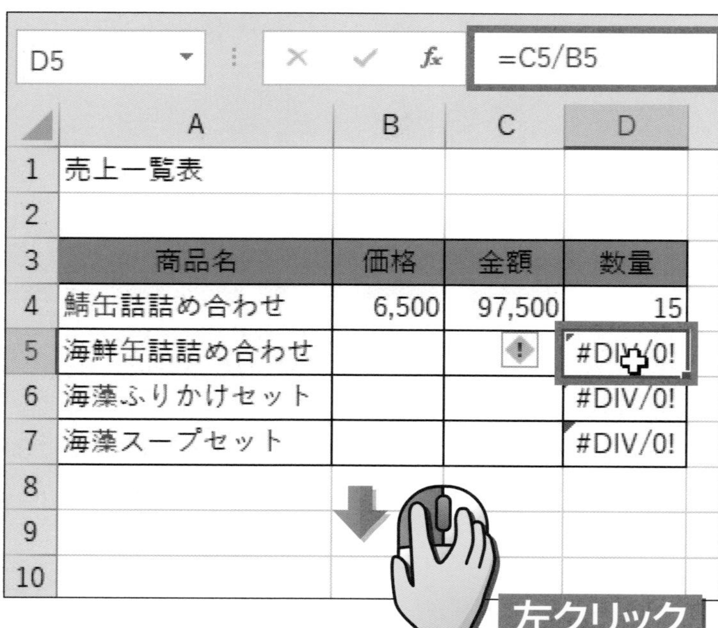

	A	B	C	D
1	売上一覧表			
2				
3	商品名	価格	金額	数量
4	鯖缶詰詰め合わせ	6,500	97,500	15
5	海鮮缶詰詰め合わせ			#DIV/0!
6	海藻ふりかけセット			#DIV/0!
7	海藻スープセット			#DIV/0!
8				
9				
10				

「#DIV/0!」が表示されているD5セルを

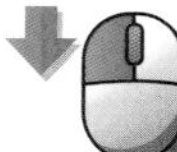

左クリックします。

数式バーには、「=C5/B5」と表示されます。

ポイント!

B5セルとC5セルは空白、つまり「0」なので、割り算の結果がエラーになります。

2 数値を入力します

	A	B	C	D
1	売上一覧表			
2				
3	商品名	価格	金額	数量
4	鯖缶詰詰め合わせ	6,500	97,500	15
5	海鮮缶詰詰め合わせ	8,800	114,400	13
6	海藻ふりかけセット			#DIV/0!
7	海藻スー			#DIV/0!
8				
9				
10				

B5セルに「8800」、
C5セルに「114400」と
入力します。

D5セルの
「#DIV/0!」が消えて、
計算結果が
表示されました。

3 エラーが消えました

	A	B	C	D
1	売上一覧表			
2				
3	商品名	価格	金額	数量
4	鯖缶詰詰め合わせ	6,500	97,500	15
5	海鮮缶詰詰め合わせ	8,800	114,400	13
6	海藻ふりかけセット	3,800	64,600	17
7	海藻スープセット	2,900	23,200	8
8				
9				
10				

同様にB6セル、
B7セル、C6セル、
C7セルに数値を
入力します。

D6セル、D7セルの
エラーが消えます。

「#REF!」が表示された

数式を入力したセルに「#REF!」が表示される場合は、
数式の中で参照しているセルが削除されたことが原因です。

▶P.013

▶P.013

1 数式を確認します

F4 ▾ =D4-E4

	A	B	C	D	E	F
1	売上一覧表					
2						
3	商品名	価格	数量	金額	割引額	割引後計
4	鯖缶詰詰め合わせ	6,500	15	97,500	9,750	87,750
5	海鮮缶詰詰め合わせ	8,800	13	114,400	11,440	102,960
6	海藻ふりかけセット	3,800	17	64,600	6,460	58,140
7	海藻スープセット	2,900	8	23,200	2,320	20,880
8						
9						
10						

左クリック

F4セルを

左クリックします。

数式バーには、
「＝D4-E4」と
表示されます。

2 列を削除します その1

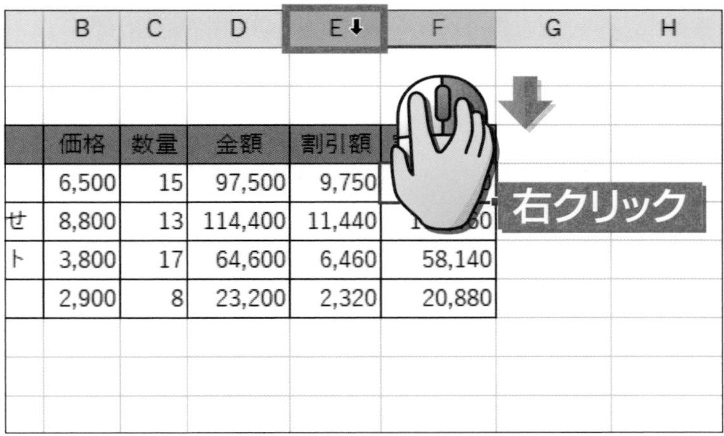

列番号の E を

ポイント!

ここでは、数式の中で参照しているE列を削除します。

3 列を削除します その2

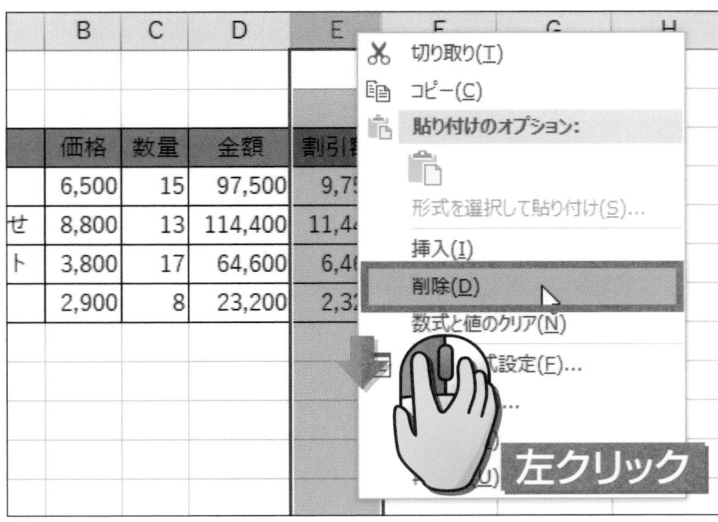

メニューが
表示されたら、

削除(D) を

4 エラーが表示されました

	A	B	C	D	E	F
1	売上一覧表					
2						
3	商品名	価格	数量	金額	割引後計	
4	鯖缶詰詰め合わせ	6,500	15	97,500	#REF!	
5	海鮮缶詰詰め合わせ	8,800	13	114,400	#REF!	
6	海藻ふりかけセット	3,800	17	64,600	#REF!	
7	海藻スープセット	2,900	8	23,200	#REF!	
8						
9						
10						

E列が削除され、F列がE列に繰り上がった

E列の「割引額」が削除された結果、「割引後計」のセルに「#REF!」が表示されます。

ポイント!

これは、「＝D4-E4」の数式で利用している列が削除されたことが原因です。

5 削除した列をもとに戻します

	A	B	C	D	E	F
1	売上一覧表					
2						
3	商品名	価格	数量	金額	割引後計	
4	鯖缶詰詰め合わせ	6,500	15	97,500	#REF!	
5	海鮮缶詰詰め合わせ	8,800	13	114,400	#REF!	
6	海藻ふりかけセット	3,800	17	64,600	#REF!	
7	海藻スープセット	2,900	8	23,200	#REF!	
8						
9						
10						

Ctrl ＋ Z

コントロール

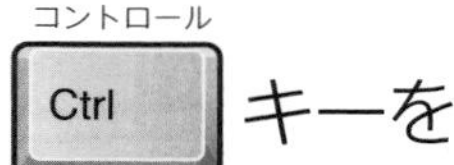

Ctrl キーを押しながら Z キーを押します。

6 エラーが消えました

	A	B	C	D	E	F
1	売上一覧表					
2						
3	商品名	価格	数量	金額	割引額	割引後計
4	鯖缶詰詰め合わせ	6,500	15	97,500	9,750	87,750
5	海鮮缶詰詰め合わせ	8,800	13	114,400	11,440	102,960
6	海藻ふりかけセット	3,800	17	64,600	6,460	58,140
7	海藻スープセット	2,900	8	23,200	2,320	20,880
8						
9						
10						

削除したE列が
もとに戻りました。

その結果、
エラーが消えました。

Ctrl＋Zキーを押すと、１つ前に行った
操作を取り消すことができるよ！
だからE列がもとに戻ったんだ！

コラム 「#REF!」が表示された理由

手順3でE列を削除すると、
F4セルの数式「＝D4-E4」のもとになるE4セルが
なくなってしまいます。
そのため、計算することができずにエラーが表示されました。
「#REF!」は、数式の中で**利用しているセルがない**ときに
表示されるエラーです。

「#VALUE!」が表示された

数式を入力したセルに「#VALUE!」が表示される場合は、数式の中で文字が入力されたセルを利用していることなどが原因です。

1 エラーを確認します

	A	B	C	D
1	売上一覧表			
2				
3	商品名	価格	数量	金額
4	鯖缶詰詰め合わせ	6,500	5	#VALU
5	海鮮缶詰詰め合わせ	8,800	13	#VALUE!
6	海藻ふりかけセット	3,800	17	#VALUE!
7	海藻スープセット	2,900	8	#VALUE!
8				
9				
10				

左クリック

「#VALUE!」が表示されているD4セルを

左クリックします。

2 数式を確認します

D4 =A4*C4

	A	B	C	D
1	売上一覧表			
2				
3	商品名	価格	数量	金額
4	鯖缶詰詰め合わせ	6,500	5	#VALUE!
5	海鮮缶詰詰め合わせ	8,800	13	#VALUE!
6	海藻ふりかけセット	3,800	17	#VALUE!
7	海藻スープセット	2,900	8	#VALUE!
8				

数式バーに「＝A4＊C4」と表示されます。

ポイント!

A4セルには文字が入力されているので、掛け算ができません。そのため、エラーが表示されています。

3 数式を修正します その1

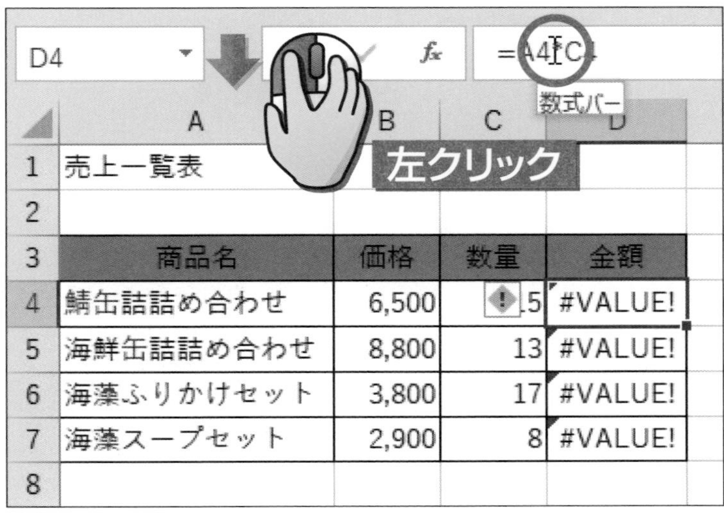
D4 =A4*C4

	A	B	C	D
1	売上一覧表			
2				
3	商品名	価格	数量	金額
4	鯖缶詰詰め合わせ	6,500	5	#VALUE!
5	海鮮缶詰詰め合わせ	8,800	13	#VALUE!
6	海藻ふりかけセット	3,800	17	#VALUE!
7	海藻スープセット	2,900	8	#VALUE!
8				

数式バーの「A4」の「4」の右側を

4 数式を修正します その2

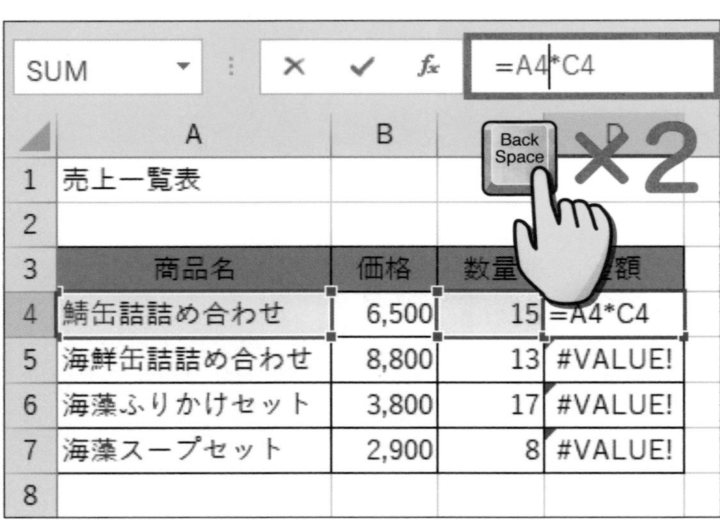

文字カーソル
| が表示されたら、

バックスペース
Back Space キーを

2回押します。

5 数式を修正します その3

SUM =*C4

	A	B	C	D
1	売上一覧表			
2				
3	商品名	価格	数量	金額
4	鯖缶詰詰め合わせ	6,500	15	=*C4
5	海鮮缶詰詰め合わせ	8,800	13	#VALUE!
6	海藻ふりかけセット	3,800	17	#VALUE!
7	海藻スープセット	2,900	8	#VALUE!
8				

「=＊C4」と
表示されます。

6 参照先のセルを修正します

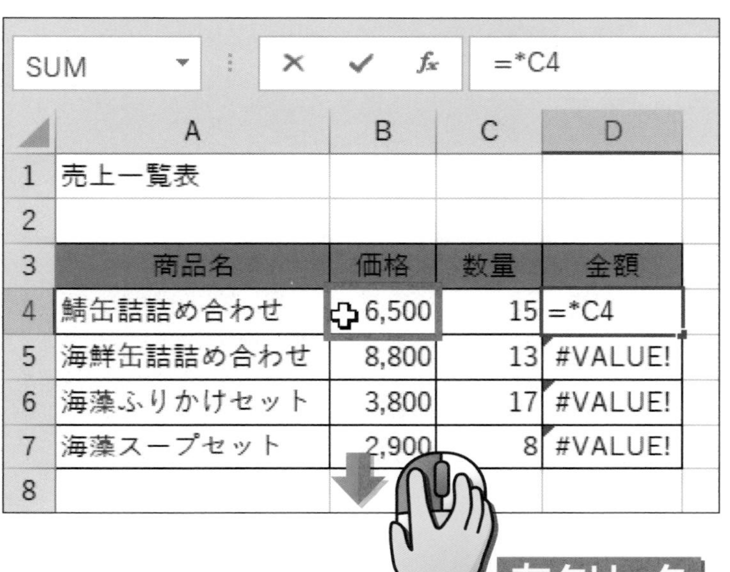

B4セルを

ポイント！

ここでは、「価格＊数量」の掛け算の数式に修正します。

7 Enter キーを押します

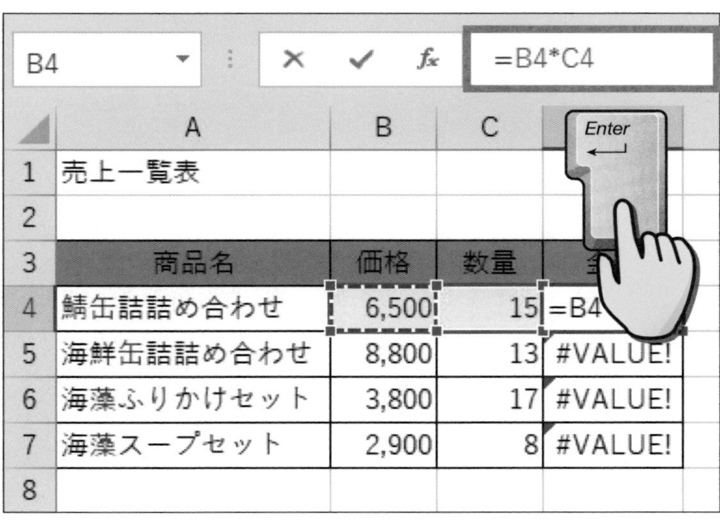

「＝B4＊C4」に修正できたら、

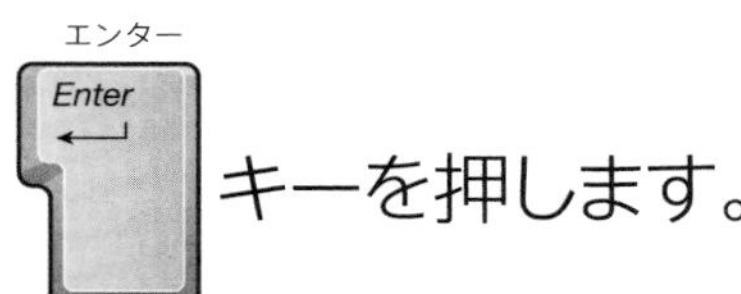

8 エラーが消えました

	A	B	C	D
1	売上一覧表			
2				
3	商品名	価格	数量	金額
4	鯖缶詰詰め合わせ	6,500	15	97,500
5	海鮮缶詰詰め合わせ	8,800	13	#VALUE!
6	海藻ふりかけセット	3,800	17	#VALUE!
7	海藻スープセット	2,900	8	#VALUE!
8				
9				
10				

D4セルの
「#VALUE!」が消えて、
計算結果が
表示されます。

9 数式をコピーします

	A	B	C	D
1	売上一覧表			
2				
3	商品名	価格	数量	金額
4	鯖缶詰詰め合わせ	6,500	15	97,500
5	海鮮缶詰詰め合わせ	8,800	13	#VALUE!
6	海藻ふりかけセット	3,800	17	#VALUE!
7	海藻スープセット	2,900	8	#VALUE!
8				
9				
10				

ドラッグ

D4セルの数式を
D5セルからD7セルまで

コピーします。

10 数式をコピーできました

	A	B	C	D
1	売上一覧表			
2				
3	商品名	価格	数量	金額
4	鯖缶詰詰め合わせ	6,500	15	97,500
5	海鮮缶詰詰め合わせ	8,800	13	114,400
6	海藻ふりかけセット	3,800	17	64,600
7	海藻スープセット	2,900	8	23,200
8				
9				
10				

数式を
コピーできました。

ここでは、正しく入力し直したD4セルをD7セルまでコピーしました！

コラム 「#VALUE!」が表示された理由

ここでは、A4セルに「鯖缶詰詰め合わせ」の文字が入力されています。
D4セルに「＝A4＊C4」の数式を入力すると、
文字と数値を掛け算することになるので計算できません。
「#VALUE!」は、数式の中で**文字を指定**したり、
関数の**引数を間違えたりする**ときに表示されるエラーです。

「循環参照が発生しています」と表示された

数式を入力したセルが数式に含まれていると、「循環参照」のエラーが表示されます。

1 数式を入力します

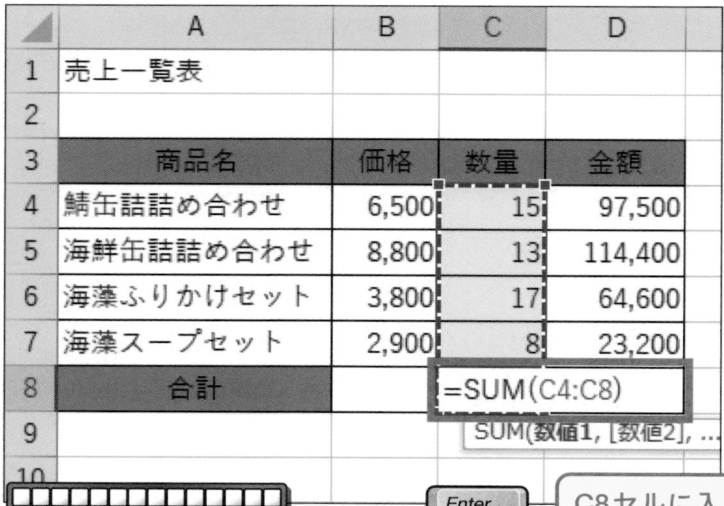

	A	B	C	D
1	売上一覧表			
2				
3	商品名	価格	数量	金額
4	鯖缶詰詰め合わせ	6,500	15	97,500
5	海鮮缶詰詰め合わせ	8,800	13	114,400
6	海藻ふりかけセット	3,800	17	64,600
7	海藻スープセット	2,900	8	23,200
8	合計		=SUM(C4:C8)	
9			SUM(数値1, [数値2], ...	
10				

入力

Enter

C8セルに入力した数式の中に「C8」が含まれているのでエラーになるよ！

C8セルに「＝SUM（C4：C8）」と入力して、Enter（エンター）キーを押します。

2 エラーが表示されます

「循環参照が発生しています」と表示されます。

	A	B	C	D	E	F	G	H	I	J	K	L	M	N
1	売上一覧表													
2														
3	商品名	価格	数量	金額										
4	鯖缶詰詰め合わせ	6,500	15	97,500										
5	海鮮缶詰詰め合わせ	8,800	13	114,400										
6	海藻ふりかけセット	3,800	17	64,600										
7	海藻スープセット	2,900	8	23,200										
8	合計		=SUM(C4:C8)											

Microsoft Excel

1 つ以上の循環参照が発生しています。循環参照とは、数式が直接的または間接的に自身のセルを参照している状態を指します。これにより、計算が正しく行われない可能性があります。

循環参照を削除または変更するか、数式を別のセルに移動してください。

OK　ヘルプ(H)

3 「OK」を左クリックします

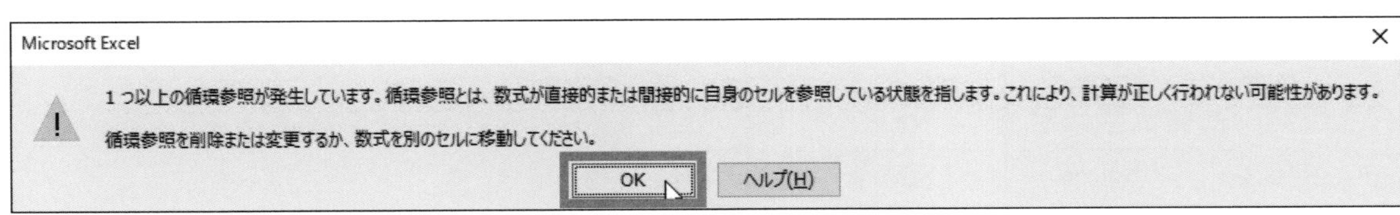
Microsoft Excel

1 つ以上の循環参照が発生しています。循環参照とは、数式が直接的または間接的に自身のセルを参照している状態を指します。これにより、計算が正しく行われない可能性があります。

循環参照を削除または変更するか、数式を別のセルに移動してください。

OK　ヘルプ(H)

4 間違った計算結果が表示されます

	A	B	C	D
1	売上一覧表			
2				
3	商品名	価格	数量	金額
4	鯖缶詰詰め合わせ	6,500	15	97,500
5	海鮮缶詰詰め合わせ	8,800	13	114,400
6	海藻ふりかけセット	3,800	17	64,600
7	海藻スープセット	2,900	8	23,200
8	合計		0	
9				
10				

C8セルには、
間違った計算結果が
表示されます。

ポイント！

正しい計算結果は「53」です。

5 引数を修正します その1

	A	B	C	D
1	売上一覧表			
2				
3	商品名	価格	数量	金額
4	鯖缶詰詰め合わせ	6,500	15	97,500
5	海鮮缶詰詰め合わせ	8,800	13	114,400
6	海藻ふりかけセット	3,800	17	64,600
7	海藻スープセット	2,900	8	23,200
8	合計		0	
9				
10				

左クリック

C8セルを

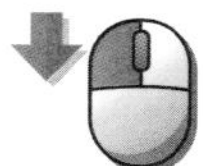
左クリックします。

6 引数を修正します その2

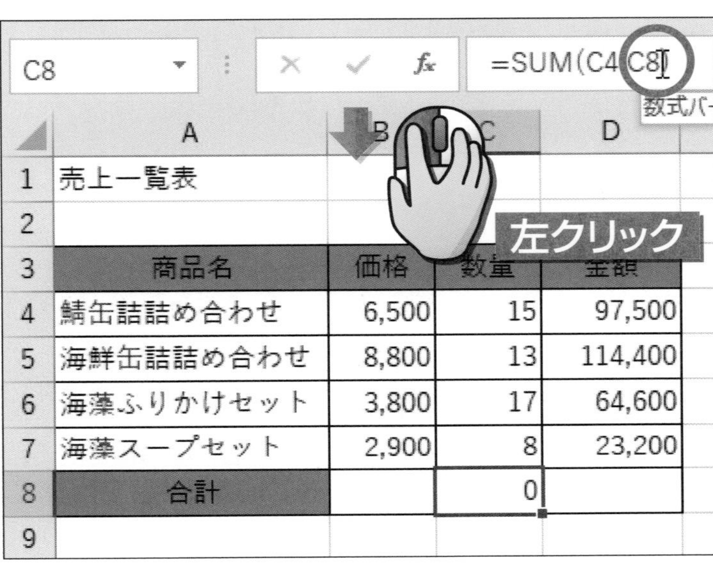

数式バーの

「C8」の右側を

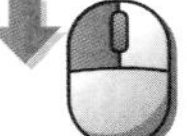左クリックします。

7 正しい数式を入力します その1

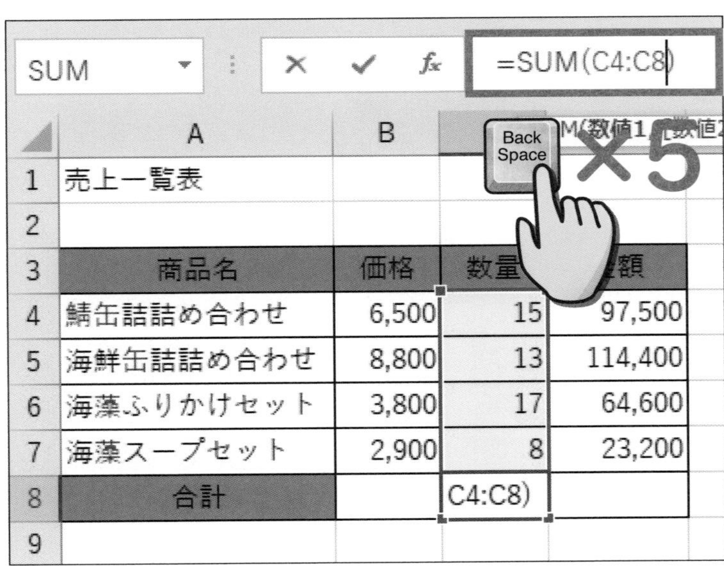

文字カーソル（|）が表示されたら、

バックスペース（Back Space）キーを

5回押します。

8 正しい数式を入力します その2

SUM	=SUM()			
	A	B	C	SUM(数値1, [数値2
1	売上一覧表			
2				
3	商品名	価格	数量	金額
4	鯖缶詰詰め合わせ	6,500	15	97,500
5	海鮮缶詰詰め合わせ	8,800	13	114,400
6	海藻ふりかけセット	3,800	17	64,600
7	海藻スープセット	2,900	8	23,200
8	合計		)	
9				

「＝SUM（）」と表示されます。

9 正しい数式を入力します その3

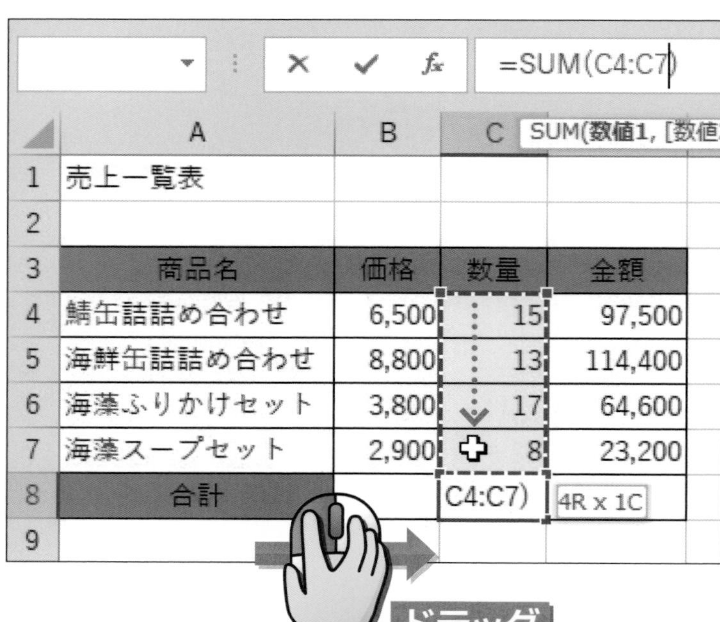

	A	B	C	D
1	売上一覧表			
2				
3	商品名	価格	数量	金額
4	鯖缶詰詰め合わせ	6,500	15	97,500
5	海鮮缶詰詰め合わせ	8,800	13	114,400
6	海藻ふりかけセット	3,800	17	64,600
7	海藻スープセット	2,900	8	23,200
8	合計		C4:C7)	
9				

C4セルからC7セルを

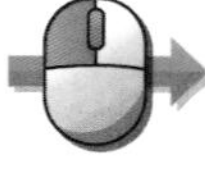ドラッグします。

10 Enter キーを押します

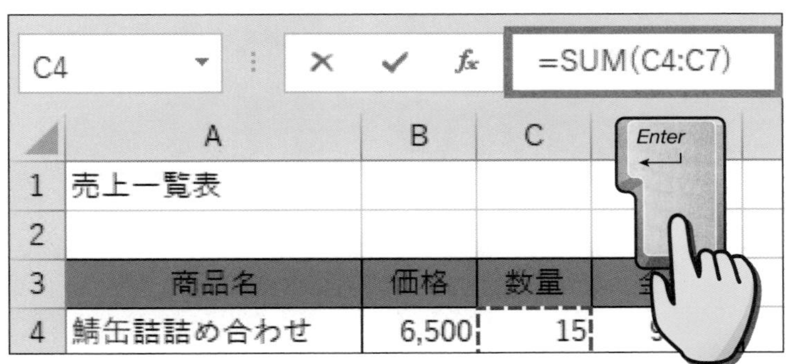

「＝SUM（C4：C7）」と表示されます。

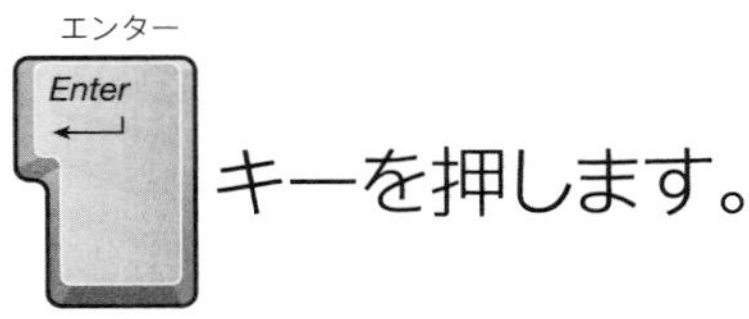

キーを押します。

11 合計が計算されました

	A	B	C	D
1	売上一覧表			
2				
3	商品名	価格	数量	金額
4	鯖缶詰詰め合わせ	6,500	15	97,500
5	海鮮缶詰詰め合わせ	8,800	13	114,400
6	海藻ふりかけセット	3,800	17	64,600
7	海藻スープセット	2,900	8	23,200
8	合計		53	

これで、合計を正しく計算できました。

コラム 循環参照が発生した理由

ここでは、C8セルに入力した合計を求める数式の中に、
計算結果を表示するC8セルが引数として含まれています。
「循環参照」のエラーは、
数式の中に数式を入力しているセルそのものを含めたときに
表示されるエラーです。

セルの左上に緑の三角が表示された

セルの左上に緑の三角記号◤が表示される場合があります。
これは、エラーの可能性があることを示しています。

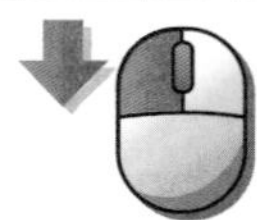

左クリック
▶P.013

1 ◤を確認します

	A	B	C	D
1	売上一覧表			
2				
3	商品名	価格	数量	金額
4	鯖缶詰詰め合わせ	6,500	15	97,500
5	海鮮缶詰詰め合わせ	8,800	13	114,400
6	海藻ふりかけセット	3,800	17	64,600
7	海藻スープセット	2,900	8	23,200
8	合計		38	
9				

15

C4セルの左上に、緑の三角記号（◤）が表示されています。

ポイント！

ここでは、C4セルにエラーの可能性があることを示しています。

2 エラーの内容を確認して修正します

C4セルを

続けて、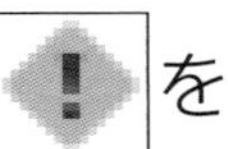を

数値に変換する(C) を

左クリックします。

ポイント！

メニューの一番上には、エラーの原因が表示されています。ここでは、「15」が文字として入力されていることがエラーの原因です。

	A	B	C	D
1	売上一覧表			
2				
3	商品名	価格	数量	金額
4	鯖缶詰詰め合わせ	6,500	15	97,500
5	海鮮缶詰詰め合わせ	8,800	13	114,400
6	海藻ふりかけセット	3,800	17	64,600
7	海藻スープセット	2,900	8	23,200

文字を数字に
変換できました。

その結果、
緑の三角記号（◤）が
消えました。

練習問題解答

第1章

1 正解 ❸

2 正解 ❶

3 正解 ❷

第2章

1 正解 ❶

2 正解 ❷

3 正解 ❶

第3章

1 正解 ❶

2 正解 ❷

3 正解 ❷

第4章

1 正解 ❸

2 正解 ❸

3 正解 ❶

第5章

1 正解 ❶

2 正解 ❶

3 正解 ❷

第6章

1 正解 ❸

2 正解 ❸

3 正解 ❷

第7章

1 正解 ❷

2 正解 ❶

3 正解 ❶

第8章

1 正解 ❸

2 正解 ❶

3 正解 ❸

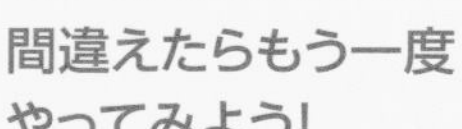

ローマ字・かな対応表

あ行					
	あ	い	う	え	お
	A	I	U	E	O
	ぁ	ぃ	ぅ	ぇ	ぉ
	LA	LI	LU	LE	LO
	うぁ	うぃ		うぇ	うぉ
	WHA	WHI		WHE	WHO

か行					
	か	き	く	け	こ
	KA	KI	KU	KE	KO
	が	ぎ	ぐ	げ	ご
	GA	GI	GU	GE	GO
	きゃ	きぃ	きゅ	きぇ	きょ
	KYA	KYI	KYU	KYE	KYO
	ぎゃ	ぎぃ	ぎゅ	ぎぇ	ぎょ
	GYA	GYI	GYU	GYE	GYO

さ行					
	さ	し	す	せ	そ
	SA	SI	SU	SE	SO
	ざ	じ	ず	ぜ	ぞ
	ZA	ZI	ZU	ZE	ZO
	しゃ	しぃ	しゅ	しぇ	しょ
	SYA	SYI	SYU	SYE	SYO
	じゃ	じぃ	じゅ	じぇ	じょ
	ZYA	ZYI	ZYU	ZYE	ZYO

た行					
	た	ち	つ	て	と
	TA	TI	TU	TE	TO
	だ	ぢ	づ	で	ど
	DA	DI	DU	DE	DO
	ちゃ	ちぃ	ちゅ	ちぇ	ちょ
	TYA	TYI	TYU	TYE	TYO
	ぢゃ	ぢぃ	ぢゅ	ぢぇ	ぢょ
	DYA	DYI	DYU	DYE	DYO

な行					
	な	に	ぬ	ね	の
	NA	NI	NU	NE	NO
	にゃ	にぃ	にゅ	にぇ	にょ
	NYA	NYI	NYU	NYE	NYO

は行					
	は	ひ	ふ	へ	ほ
	HA	HI	HU	HE	HO
	ば	び	ぶ	べ	ぼ
	BA	BI	BU	BE	BO
	ぱ	ぴ	ぷ	ぺ	ぽ
	PA	PI	PU	PE	PO
	びゃ	びぃ	びゅ	びぇ	びょ
	BYA	BYI	BYU	BYE	BYO
	ぴゃ	ぴぃ	ぴゅ	ぴぇ	ぴょ
	PYA	PYI	PYU	PYE	PYO
	ふぁ	ふぃ		ふぇ	ふぉ
	FA	FI		FE	FO

ま行					
	ま	み	む	め	も
	MA	MI	MU	ME	MO
	みゃ	みぃ	みゅ	みぇ	みょ
	MYA	MYI	MYU	MYE	MYO

や行					
	や		ゆ		よ
	YA		YU		YO
	ゃ		ゅ		ょ
	LYA		LYU		LYO

ら行					
	ら	り	る	れ	ろ
	RA	RI	RU	RE	RO
	りゃ	りぃ	りゅ	りぇ	りょ
	RYA	RYI	RYU	RYE	RYO

わ行					
	わ		を		ん
	WA		WO		NN

索引

記号

英字

あ行

か行

さ行

著者

井上 香緒里（いのうえ かおり）

カバー・本文イラスト

株式会社 アット　イラスト工房

●イラスト工房 ホームページ
https://www.illust-factory.com/

本文デザイン

株式会社 リンクアップ

カバーデザイン

田邉 恵里香

DTP

五野上 恵美

編集

大和田 洋平

サポートホームページ

https://book.gihyo.jp/116

問い合わせについて

本書に関するご質問については、本書に記載されている内容に関するもののみとさせていただきます。本書の内容と関係のないご質問につきましては、一切お答えできませんので、あらかじめご了承ください。また、電話でのご質問は受けつけておりませんので、必ずFAXか書面にて下記までお送りください。
なお、ご質問の際には、必ず以下の項目を明記していただきますよう、お願いいたします。

1 お名前
2 返信先の住所またはFAX番号
3 書名
4 本書の該当ページ
5 ご使用のOSのバージョン
6 ご質問内容

FAX

1 お名前
技術　太郎
2 返信先の住所または FAX 番号
03-XXXX-XXXX
3 書名
今すぐ使えるかんたん
ぜったいデキます！
エクセル関数超入門
4 本書の該当ページ
39 ページ
5 ご使用の OS のバージョン
Windows 10
6 ご質問内容
正しい計算結果が
表示されない

問い合わせ先

〒162-0846 新宿区市谷左内町21-13
株式会社技術評論社 書籍編集部

「今すぐ使えるかんたん　ぜったいデキます！
エクセル関数超入門　［改訂2版］」質問係
FAX.03-3513-6167

なお、ご質問の際に記載いただいた個人情報は、ご質問の返答以外の目的には使用いたしません。また、ご質問の返答後は速やかに破棄させていただきます。

今すぐ使えるかんたん　ぜったいデキます！
エクセル関数超入門
［改訂2版］

2017年5月11日　初　版　第1刷発行
2021年8月26日　第2版　第1刷発行

著　者　井上 香緒里
発行者　片岡 巌
発行所　株式会社技術評論社
東京都新宿区市谷左内町21-13
電話　03-3513-6150　販売促進部
03-3513-6160　書籍編集部
印刷／製本　大日本印刷株式会社

定価はカバーに表示してあります。

ISBN978-4-297-12249-2 C3055
Printed in Japan